CG BOOKS

クルマ少年が歩いた横浜60年代

菊池憲司
写真・文

二玄社

品川5
ほ 29-73

クルマ少年が
歩いた
横浜60年代

はじめに 7

クルマに惹きつけられた若者が横浜で過ごした頃　高島鎮雄 17

カメラ・クルマ・ヨコハマ 19

クルマ少年が歩いた横浜

- マリンタワーとその周辺 22
- 山下公園通り 32
- シルクセンター 37
- 山下町 43
- 日本大通り 45
- 大桟橋 47
- 横浜公園 51
- 本町 59
- 南仲通 60
- 弁天通 65
- 太田町 67
- 馬車道 70
- 住吉町 71
- 関内 73
- 千歳町 74
- 山手町 76
- ヨットハーバー 82
- 高島町 83
- 横浜駅 84
- 港北区・日吉 85
- 磯子区・天神橋 103
- 神奈川・鎌倉 104
- 千葉・富津 105
- 東京・晴海 106
- 宮城・仙台 108

趣味が仕事となることの楽しさ 110

- CARグラフィックに入ってから 112
- 村山テストコース 116
- 日本グランプリ 126
- 船橋サーキット 135
- 富士スピードウェイ 137

あとがき 141

装丁　駒井しげる（イエロー・グラフィック・ステューディオ・ジャパン）

はじめに

いまでこそデジカメで孫たちを追いかけ、趣味の園芸メモを撮るばかりの私だが、その昔はクルマ好きのカメラ少年だった。それは1950年代末期から60年代前半の、中学から高校にかけてを中心とする青春まっただ中。若者文化が一斉に開花したといわれる1960年代に、私の写真熱は開花した。

その当時住んでいたのは横浜市であり、そこには数多くのクルマが集まってきた。クルマの撮影は自宅付近から始まり、最寄り駅の周辺へと、行動範囲はどんどん拡大。同時に自分の撮ったクルマのことをもっと詳しく知りたくなり、自動車雑誌を買うようになった。やがて1962年4月（昭和37年）、二玄社から「CARグラフィック」誌が創刊され、たちまち魅了されて定期購読が始まる。それまでやってきたような、撮った写真を投稿するだけでは飽きたらず、ついには「編集部員募集」の社告を見て無謀にも応募。憧れの小林彰太郎さんたちから面接試験を受け、幸運なことにCARグラフィック編集部員となってしまった。1964年（昭和39年）のことだった。

熱心な一読者の立場から、その雑誌を作る側に一転したことで、見るもの聞くものすべてが新鮮であり、充実した毎日が始まった。仕事としての写真撮影をしながら、少しずつ原稿も書くようになった。当時のCARグラフィック誌にはまだ社員カメラマンはおらず、誌面上も撮影者無記名の習慣だったから当の本人もすっかり忘れていたが、いまそのつもりで雑誌を見ると、すいぶん多くの写真を撮り掲載してきたことを思い出す。テスト／インプレッションから新車発表会、レース等々、数え切れないほどのフィルムを消費してきた。

何年かCARグラフィック編集部に籍を置いたのち、単行本を手がける別冊CG編集部、最近ではインターネット事業へと、取材する側として様々なかたちでクルマとかかわりながら、あっという間の約40年が過ぎてしまった。そして昨年秋、定年退職を迎えたわけだが、クルマが好きという気持ちは入社当時、いやカメラ少年だった時代からほとんど変わっていない。そんな私へのご褒美だろうか、「CG OBの卒業制作」をやらせてもらうことになった。少年時代から撮ってきた写真を中心に、懐かしいクルマと横浜の街を思い出し、私のクルマ好きとしての半生を振り返ることにした。この時代を知り得ない若い人たちに何らかの参考になり、新たな楽しみを見出すヒントになれば幸いである。

本牧の横浜PXへ、初上陸したフォード・マスタングを見に行ったのは1964年7月末（昭和39年）。誕生したばかりのこのマスタング、いわゆる「ポニーカー」のはしりとしてあまりに有名。エンジン、ギアボックスをはじめさまざまなオプショナルパーツを組み合わせて、自分好みの一台に仕立て上げるという画期的なオーダーシステムを初めて採用、大ヒットにつながった。いまでもたまに姿を見かけるが魅力的で、あれから約40年を経て、フォードはオリジナル・マスタングを現代に蘇らせたのもうなずける。

マリンタワーと同じ区画に空き地を挟んで、現在のスターホテルとポートスクエアのところにあったサパークラブの「ブルースカイ」には、いつも米軍関係者のクルマが止まっていた。1961年型ポンティアック・テンペストは、はじめてのインターミディエート・ポンティアックとして誕生したばかりの年式。4気筒からV8までのエンジンを搭載し、アメ車らしからぬ、ギアボックスを後方に置くトランスアクスルを採用したことが話題となった。ちょっと日本離れしたこのショットは、撮影記録ノートに残る最初のカラーネガフィルムの15コマ目で、1962年7月（昭和37年）のこと。

垢抜けたスタイリングに一新された（1960年4月発売）トヨペット・コロナの2世代目は、当時好きだったモデルのひとつで、何度も撮影していた。これはリアフェンダーに1500のバッジがついた、1961年3月からの強化モデルであり、金茶色のメタリック塗装。1962年9月に撮影。背景は、山下公園前の通りにあったアメリカ総領事館。当時のパトローネ（フィルムのケース）は遮光が不充分なことがあり、画面下の部分は外光を引いてしまった。

1960年4月（昭和35年）新発売の、ニッサン初の6人乗り中型セダンである初代セドリック・デラックス。縦4つ眼のヘッドライトは新鮮であり、高級車然とした雰囲気を醸し出していた。鮮やかな赤と白の2トーンカラーもこの当時としては珍しかったため、カラー撮影となったもの。1963年正月の撮影。場所はどこなのか記憶にないが、日吉または隣の井田あたりだろうか。

幼児プール

1963年1月、千駄ヶ谷の東京都体育館で開かれた東京オートショーには、ハレの日だからカラーネガフィルムをカメラに入れ、スペアフィルムも持って出かけた。会場外の駐車場はまた違ったショー会場といえ、いくつもの収穫が得られた。たぶんディーラー関係者が乗ってきたのであろう最新型のBMW700（1959～65年）や、1955年初期型のフォード・サンダーバード、赤い1957年以降のカルマンギア1200カブリオレ、1962年10月にフルチェンジしたばかりのダットサン・フェアレディ1500、そして2台のトヨタ・パブリカ。パブリカはよく見ると、向かって右側はオリジナルだが、左側はヘッドライトをやや後退させてカバーをつけ、視覚的な空力を改善したもの。黒く塗装したグリルとバンパーにも手を入れている。BMW700の成功は、四輪メーカーとしてまだ業績不振だったBMW社を、大きく飛躍させる原動力となった。

片持ち屋根のカーポートに収まった姿は、「我が家の大切なマイカー」といったところ。1961～2年型トヨタ・パブリカだが、グリーンメタリックのボディカラー、赤いホイールとメッキのホイールカバー、サイドモール、フォグランプなどはノンスタンダード。1963年正月に日吉？で撮影。

日吉の箕輪町あたりで見かけたと思われるマツダR360クーペのコンバーチブル改造車。1963年正月に撮影。フロントエンドはアウターパネルを外してあったり、幌の出来もあまりよくないが、グリーンのメタリックに塗装し直し、車両中心線に2本の黄色いストライプを入れてある。後ろはマツダの軽三輪トラック、K360。

1962年10月発売の2世代目から一気にモダナイズされた、トヨペット・クラウン・デラックス。1960年代に入ってからというもの、国産車も次々に洗練されてきたから、クルマ好き少年はますます夢中になっていった。1963年3月（昭和38年）、おそらく日吉で撮影。標準レンズにタクマー200mm用フードをつけたため、周囲をケラレてしまった。

マツダR360クーペの改造車。リアシートのヘッドルーム不足を解消するためルーフ後半部を延ばし、ほぼ垂直なリアウィンドーとしたもの。ちょうどキャロルのクリフカットように。1962年3月11日頃の撮影だから、同年2月発売のキャロルを見ての改造かそれ以前のアイディアなのか微妙なところ。白いボディにルーフのみが赤の塗装。撮影場所は、メモがあいまいで横浜としか書いてないが、横浜駅の、東横線側西口広場かも知れない。遠くに見えるのは、おそらく横浜市営バスだろう。

横浜市日吉の綱島街道のいちばん綱島寄りから東京方向を見たところ。1963年3月頃に撮影。1960年型フォード・フェアレーンやスバル360、綱島駅行き東急のミンセイ（B80?）ボンネットバスがやって来た。遠方の小高い丘の上は慶応義塾の敷地。フクロウプロパンと書いた亜細亜石油のアウルマークも懐かしい。

クルマに惹きつけられた若者が横浜で過ごした頃

高島鎮雄

CAR GRAPHICの編集スタッフとしては最古参の菊池憲司君が、2005年9月に還暦を迎え、めでたく二玄社を卒業した。実に41年にわたるキャリアの前半は、CGの取材スタッフとして新型車の発表や新入荷の輸入車、ロードテスト、レース、そのほかありとあらゆる取材と執筆に当たり、また自ら写真も撮った。キャリアの後半ではCG別冊単行本編集部で自動車関係の別冊や単行本の編集に従事、その合間にもCG本誌や単行本のためのクルマの細密な構造図の製作に当たったり、CGの膨大な記事内容の総索引をまとめたり、メーカーにさえないCGの貴重な写真／カタログ資料を管理し、最近ではインターネット上でのデータベースを構築するなど、実に多彩な仕事でCGと二玄社を支えてきた。

本書はその菊池君のいわば“卒業アルバム”として企画された。幼い頃からの“カメラ小僧”であった菊池君は、横浜在住の地の利を活かして1950年代末から1960年代の前半にかけて、路上で多くの珍しいクルマを写真に収めていた。それらは日本のモータリゼーションの一つの時代——国産車が全盛となる直前の一時期——を捉えた貴重な映像である。オールド・ファンには過ぎ去ったあの時代を思い出すよすがになるだろうし、若い世代には過ぎ去った未知の時代へと誘うタイムマシーンになるはずである。私自身は写真の記録性を強く認識する者であるが、本書はその絶好の証となる。

まだまだ若いと思っていた菊池君が、何と定年退職の時を迎えた。まことに時の移ろいの早さには驚かされる。彼とは、十年ほど前に私が一足先に退職するまでのほぼ30年を、二玄社の同じ屋根の下で、机を並べて仕事をしてきた仲間同士である。取材で鈴鹿や富士へしばしば遠征し、安宿に同宿して同じ釜の飯を食い、編集作業のためお茶の水の旅館に合宿もした。41年の歳月は白面の美少年を髪に白いものの増えたナイスミドル（?）に変え、そして3人のお孫さんのお祖父さんにするに充分な時間であった。

実際、この四十余年間にわれわれを取り巻く環境は著しく進化した。中でも激変と呼んでもよいのはこの日本におけるクルマの急速な普及であった。たとえばCGがスタートした頃の二玄社で、社員十人ほどのうちクルマをもっていたのは渡邊社長のみで、それも数年落ちの日産オースチンA50ケンブリッジであった。もちろん当時CG編集顧問の小林彰太郎さんはA50ケンブリッジにMGマグネット・エンジンを移植した自製のスペシャルに乗っていたが……。それが今や全国平均で一家に2台に近づきつつあるのだ。この急速なクルマの普及が、良きにつけ悪しきにつけわれわれの生活と、社会構造と、環境を大きく変化させた。菊池君も私も、この大いなる変化をジャーナリストとしていわば側面から見てきたのだ。

特に菊池君は日本のモータリゼーションの進捗状況を文章とともに得意の写真でも捉えてきた。CGの専属の写真部ができるのはかなり後のことで、それまでは表紙やロードテストなどの写真は強力な助っ人の三本和彦さんや故畑野進さんにゆだねて、日常的なニューモデルなどの写真は菊池君が自前のペンタックスで撮っていた。やがてCGの予算にも多少の余裕ができ、菊池君に社用のニコンFがあてがわれ、彼の嬉しそうな顔を見て私も安心した。

菊池君は今風に言えば「超」の付くほどの写真好き、カメラ好きであった。CGは創刊号から読者の原稿や写真を募ったが、それにいち早く反応して日本ではかなり珍しい外国車やクラシックカーの写真を送ってきたのが菊池君であった。創刊から間もないころのCGの読者欄に彼の写真が残っている。これが縁となって、菊池君は1964年、CGの取材記者第1号として、二玄社に迎えられたのである。

菊池君が読者時代に送ってきた写真は、日本では滅多に見ないクルマを捉えていた。それは彼の住んでいた横浜市という地の利であろう。横浜には第二次大戦後多くの駐留米軍の施設があったし、神奈川県には横須賀や座間、厚木など多数の米軍基地があった。そこに勤務する米兵たちは母国から最新の米国車を取り寄せて乗り回し、好き者はスポーツカーを含む珍しい欧州車を楽しんでいた。アメリカでは戦後欧州戦線から復員する兵士たちが欧州製スポーツカーやクラシックカーを持ち帰ったことから、時ならぬスポーツカーブームが巻き起こり、それにはクラシックカーや欧州製小型車が絡んでいた。そのブームが日本にも伝わり、創設されたスポーツカー・クラブ・オブ・ジャパン（SCCJ）も主として彼ら米兵によって組織されたのであった。

同じ米国車でも米軍の施設や基地の周辺で見られたのは派手な色に塗られた2ドアのセダンやクー

ペ、コンバーチブル、ステーション・ワゴンなどのいわゆるオーナーズカーが多く、アメリカでのカーライフをそのまま日本に持ち込んでいた。若き菊池少年がそうしたカラフルなクルマたちに目を輝かせ、すっかり魅了されてしまったであろうことは想像に難くない。彼がカメラを片手にそれらのクルマを追い回したのもむべなるかな、である。

そうした神奈川県に隣接していながら、首都東京の都心で見られた米国車といえば運転手付きのキャディラックやクライスラーといった大型の4ドア・セダンばかりで、それもすべて黒塗りであった。第二次大戦後のわが国ではポツリポツリと外国車の輸入が再開されたが、1950年代に入ると極度の不足から外貨が配給制になり、クルマの輸入に当てられたのは新聞社や放送局などの報道用と、タクシーなどの観光用に限られてしまった。

東京の赤坂見附から溜池へ向かう道の右側は今ではずらりとビルが建ち並んでいるが、1960年代の初めまでは間口がせいぜい四、五間しかない木造の平屋が並んでいた。そのガラス戸を両手で反射を遮って覗くと、薄暗い室内には真新しい黒塗りのキャディラックのセダンがこちらを睨むようにジャッキアップされていた。これは駐留米兵が2年に1台新車を買う権利があり、2年経てば日本人に売ることができたので、新車のまま乗らないで外車屋に売ったクルマが2年の"年季"の明けるのを待っていたのである。そのときにはたいていの場合もう買い手は決まっていた。日本の政財界の大物たちは、こうして「2年落ちの新車」のキャディラックに乗ることができたというわけである。また外貨を持つ在日の中国・韓国人に輸入させ、円で使用権を買って乗った者もいた。一方の米兵はドルで支払われる俸給でクルマを買い、途方もない高値で日本円で売り、日本での生活を楽しんだのであった。

こうした醜くも不自然な状況に終止符が打たれたのは、ようやく外貨事情が好転した1960年代に入ってのことである。とは言えまだ外貨は自由に使い放題というわけではなく、輸入できる台数はごく限られており、初めは輸入されたクルマを入札制度で販売した。その入札の内覧会として1960年に江ノ島の東急レストハウスの庭で開かれたのが、すなわち第1回外車ショーであった。かくいう私もそれを取材したひとりだが、46年を経た今日、最初の外車ショーを知る人も少なくなった。CGの創刊を経て、菊池君がそのスタッフになったのはそれから4年後のことであった。日本はそれから、東京オリンピックを経験、高度成長期をひた走るのである。本書を飾る菊池君の写真は、以上述べたような日本のモータリゼーションの一時期を見事に切り取って、今日に、さらに未来へと伝えるものである。

CGに入ってきた時の菊池君はスマートでシャイな若者であり、"スマート"と"シャイ"は二玄社の現役時代を通じて彼を語る際のキーワードであったと思う。多くの先輩ジャーナリストたちが大胆で泥臭く、アグレッシブに自己主張するタイプであったのと違い、菊池君はあくまでも自分で決めた目標に向かって、コツコツと目の前の仕事をこなしていくタイプであった。編集作業の傍ら描いていた構造図に1センチに何十本もの平行線を引いて陰影をつけたり、パソコンが普及していない時代に黙々とCGインデックスのデータを蓄積したり、CGの膨大な資料を系統的に整理する……それが菊池君の姿であった。そうした地味な仕事で、彼はCGの屋台骨を下支えしていたのである。

サラリーマンの性で一日の仕事を終えて帰りに一杯やろうと誘っても、彼はかたくなに断ってひとり帰っていった。体質的にお酒が飲めない質なのかと思ったらそうではなく、聞けば毎晩寝る前にウィスキーのナイトキャップをやっているのだという。じゃなぜたまには付き合わないないんだと詰問すると、「飲むとすぐに顔が赤くなるので電車に乗って帰るのがカッコ悪いんです」と言う。スタイリストでかっこつけ、そして恥を知る人なのである。

晴海のモーターショーで。右で三脚付きカメラを抱えるのが入社後間もない菊池君。左で胸のあたりにカメラを持っているのが私。

カメラ・クルマ・ヨコハマ

菊池憲司

たまたま父親がカメラ好きで、どこでどうやって手に入れたのか家にはいつもカメラがあって、それを自由に使えたのがきっかけだった。当時の撮影ノートによれば、ヤシカフレックス、コダック、パールII、ウィンザー、タロン35、アイレス・エヴァー、リコージェット、ペンタックスSV、ダイヤル35等々、ほとんどが国産の普及品カメラだった。小学校の遠足にコダックのボックスカメラを持って行くなど、いま思えば、当時にしては小生意気な子供だったかも知れない。最初のうちは家族を主に撮っていたが、次に友達を撮るようになり、やがてクルマに興味を持つようになってからは、もっぱらそれを中心に追いかけるようになった。

将来は何になりたいか?、記憶にある最も古い「マイブーム」は小学校低学年の頃、近所の大人のおだてに乗って絵描きだった。1957年10月(昭和32年)、世界最初の人工衛星であるソ連の「スプートニク1号」が打ち上げられるとすっかり宇宙・天文少年となってしまい、それらに関する記事のスクラップブックを何冊も作っては、将来は宇宙飛行士か天文学者などと夢見ていた。これらと前後して植物学者や海洋学者にもあこがれた。美術と理科・工作が得意で、勉強は好きだが学校は嫌いな、おとなしい少年時代だった。木片を和式ナイフ「肥後守(ひごのかみ)」で削って飛行機や船の模型を作るソリッドモデルに始まり、「マルサンのプラモデル」でプラスチックモデルを知ってから、エアフィックスやレベル、やがてタミヤへと進んだ。ゲルマニウムラジオや天体望遠鏡など、興味あるものは次々に作ったものである。そうしてやってきたクルマ好きが、まさか「将来、なるもの」になろうとは、あの頃は思いもしなかった。

カーウォッチング(当時こんな言葉はなかったが)を始めた頃は、自宅のあった横浜市の外れ、港北区日吉の街でカメラを持ってうろうろしていた。日吉駅前には慶應義塾大学があることで、まずそこに集まるクルマたちを片っ端からカメラに収めはじめたのだ。しかし、横浜市の中心街にはもっとバラエティー豊かな外車が多く生息していることを知ってからは、東急東横線に乗って遠征するようになり、撮影の場はこちらに移っていった。東横線を当時終点の桜木町駅で降り、市電にも乗らずに、ただてくてくと歩きはじめるのである。とりあえずの目的地は山下公園の周辺だったり、横浜公園だったりするが、その途中でも路地裏まで目を光らせ、めぼしいクルマを探し回った。いまのように便利でお手軽なファーストフード店もコンビニもない時代だから、昼食もほとんど抜きで、それでも平気だった。多くはクルマ好きな友達と一緒だったが、ひとりでも出かけた。

小遣いでやりくりしていたから、2〜3日で使うフィルムはモノクロ・ネガフィルムのネオパンSSを1本だけ。撮影し終わればすぐ現像に出し、厳選しては名刺判にプリントしていた。カラーフィルムを使うようになったのは1962年からで、当時は撮影済みをフィルムメーカーに郵送し、現像が終わったらまた送り返されてくる、という時代だった。街のどこにでもお手軽なカラーデポ、窓口がある現代とは大違いである。露出やアングルを変えて数カット、なんていう知恵はまだなかった。フィルムが高価という理由もあるが、1カット撮ればそれで充分と思っていた。ただし好きなクルマは、出会うたびに撮った。いまのようにピントから露出、フィルム巻き上げまでカメラ任せという便利かつ安直なカメラではもちろんない。撮影者の経験とカンがすべてという時代である。

クルマを撮る目的は?　そんなことは何も考えずに、ただ好きだからという理由で、せっせと撮り貯めた。こうして撮影したフィルムの数は、1960〜65年の間に限ってみるとモノクロが165本、カラーで10本と撮影ノートには記録されている。

1960年代初期の横浜といえば、まだ終戦後処理が終わっていない時代だった。進駐軍による接収は横浜市の広範囲におよび、1960年代になってようやく本格的な接収解除は始まったといってよいだろう。そこから紆余曲折を経て再開発は動き出す。こういった歴史は、もちろんその当時のカメラ少年(ちなみに終戦直後の生まれ)は知る由もない。遅ればせながらもいまになって初めて知った事実である。横浜野毛の図書館で調べ物をしながら眼にした、中区に進駐軍のカマボコ兵舎がびっしりと並んだ写真は、初めて見る驚きの光景だった。さらにカーウォッチングに行かなくなってからの再開発はそれこそ急ピッチで進み、いまあらためて出かけていった30〜40年後の横浜の街は、見違えるようになっていた。

かすかな記憶を頼りに現代の横浜を歩き、あの当時の写真や地図と見比べているうちに、今度は謎解きの楽しみを味わうことになった。少しずつ撮影場所の特定が進み、ジグソーパズルの1ピースがしかるべき場所に収まる快感に似て、これはまたひじょうにおもしろい。結局、横浜の街には10回ほど通い、当時の撮影場所を突き止めようと努力したが、あまりの変貌ぶりにあきらめた地域が多い。

それにしても街が新しくなるということは、その地域にとっては多大な経済効果をもたらすのだろうが、訪れる人にとって受け取り方は千差万別。歓迎する人もいれば嘆く人もいる。今回のように過去の思い出を求めて訪れる者にとっては、まったく別の街にしか映らない。二玄社にいた頃は何度か海外取材にも行ったが、いつ訪れても基本的に街の姿は変わらないのが魅力的だった。よき撮影地を求めてヨーロッパの旧市街地を訪れるのは、仕事であることを忘れさせる大きな楽しみだった。それはいうまでもなく、古き佳き文化や建造物を大切にする国民性によるものだろうと思う。日本はいつのまにか、それとは正反対の国民性に変わってしまったのだろうか？　確かに古いものがすべて良いとは思わないし、超モダーンはまた別のすばらしさを持っているから好きだ。だが、経済効果優先、新しくした方が儲かると思えば、容赦なく古い文化を無秩序に捨て去ってしまう。それが残念である。横浜は、それでも比較的古い建造物を大切にしている方だろうと感じるが。

この本の主役はもちろんクルマだが、その一方でわずか30～40年の間にこんなに風景が変わってしまう理由はいったいどこにあるのか、ということも本を製作していくうちに伝えたいテーマとなった。

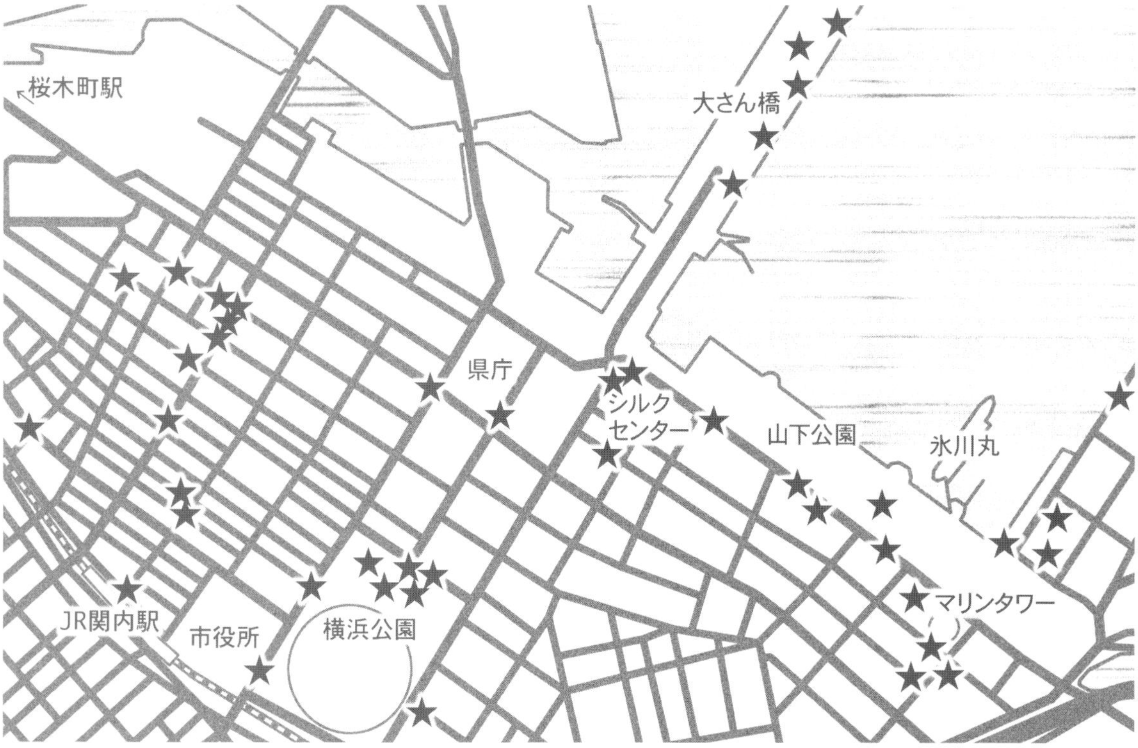

当時愛用していたペンタックスSVと撮影記録ノート、何本かのネガを横浜港の大桟橋に運んで、ウッドデッキで記念撮影の図。このペンタックスがここにやってくるのは、40年振りくらいだろうか？　カメラ少年時代、いちばん馴染みのあったマリンタワーや氷川丸、山下公園を背景に、こんなカットを撮ってみたくなった。2006年7月撮影。

マリンタワーとその周辺

マリンタワーとシトロエン群は、1961年7～8月（昭和36年）の撮影。日仏自動車の手で輸入され、陸揚げ後ここに置かれていたもの。10台以上のDS19と1～2台の2CVは、さながらエッフェル塔とシトロエンの図。タワー前面には、CITROENならぬTOYOPETのネオンがついていた。俯瞰のカットは脇に積み上げられたトラックタイアに上って撮ったもの。右端に少し見える1台は、右後ろのタイアを脱着したのだろうか、リアフェンダーを外してあった。フロントフェンダー上に熱気抜きのグリルがついたDSは、1959～62年モデル。CGに入ってから初めて運転したDS／IDは、外観から想像した以上に独特の味わいで、慣れるまでは戸惑った記憶がある。2CVも当然そうだったが、あの独特のギアシフトは、慣れるとひじょうに扱いやすかった。

マリンタワーの3〜4階無料展望フロアから見た山下公園越しの「氷川丸」と「大桟橋」方面は、1961年6〜7月の撮影。豪華客船・氷川丸（12,000t）は1930年（昭和5年）に横浜で竣工し、北米航路の定期船に就航するなど輝かしい時代を経て1960年秋（昭和35年）に引退。翌1961年6月に永久係留された氷川丸は、この頃はまだ煙をはいており、船体は明るめのグリーンだった。山下公園は、木立がうっそうとしている。遠景の港が不鮮明なのは惜しい。

「山下公園」の中央部にある「水の守護神像」は、マリンタワーに鯉のぼりがはためく1961年4月の撮影。これは米サンディエゴ市から贈られたもの。

マリンタワーから南方を見下ろした「梁瀬自動車KK保税上屋」は、1961年7月に撮影。44台ほどのVWビートルと1台のVWトランスポーター（バス）が保管されており、ここから日本全国の新オーナーの元に運ばれていく。撮影した方角は「山手の丘」および外人墓地方面で、ビートル群の向こうの建物は当時の神奈川県公務員研修所の1号館と2号館。右手前が三井建設の作業所。走っているタクシーはブルーバードの210型。丘のもう少し左側には翌1962年、「港の見える丘公園」がオープンする。

1965年3月21日（昭和40年）に同じモータープールを撮影したら、2台のビートルとビュイックのほかは、ほとんどがヴォクスホールで、特にVX4/90とヴィヴァが埋めつくしていた。

ヤナセ保税上屋の跡地は現在、「バーニーズ・ニューヨーク」のビルが建っており、タワー最上階からでないと展望が効かない。その向こう、堀川の上には高速道路、「首都高速狩場線」の高架が走り、山手の丘はすっかりひらけてしまった。

鯉のぼりがはためく「マリンタワー」は1961年4月（昭和36年）に撮影。いまでは周辺にビルが建っているためこの眺めは無理だが、当時は三井建設作業場だった空き地越しに、タワーの裏側からも撮影できた。いきなりできたモダーンなタワーも、足下は、接収が解除された後まだこの程度の開発状況だった。右端に写っている掘っ立て小屋は、いまでは想像もできない眺めだろう。左側に見えるネオン看板は、米軍相手のサパークラブ「ブルースカイ」で、この建物は別カットにある。マリンタワー3～4階の無料展望フロアは、この当時はまだ屋根がない。この前年、マリンタワーがまだ半分の高さしかない工事途中の写真も撮ったが、とうとうネガNo.005を発見できずに終わったのは残念。ちなみにマリンタワーは横浜港開港100周年記念事業の一環として造られ、1961年1月（昭和36年）に開業した。10角形構造で高さは106メートル、灯台としては世界一の地上高。最上部の灯台室には水を利用した「スーパースロッシング・ダンパー」を設置して、強風や地震の揺れを吸収するともいう。60万カンデラという灯台の明かりは、日吉の高台からもよく見えた。

2005年2月、44年ぶりに訪ねたマリンタワーは、「ああ、こんなに背が低くなってしまって…」の印象だった。いうまでもなくタワー自身は変わっていないのだが、三方を背の高いビルが取り囲んでしまったからである。その昔見たTOYOPETのネオン看板も取り外され、赤と白の塗り分けも変わった。季節によって色が変わるライトアップも始まっている。

マリンタワー最上階の展望台には2005年に初めて上ったが、そこから見た現在の横浜港。タワーが揺れたからではないだろうが、大きく様変わりした横浜中心部に、思わずくらくらしてしまった。氷川丸は現役当時と同じ黒の塗装に戻っており、山下公園は木立が消え、開放的な広場に変わっていた。左側に見える噴水が水の守護神像。港内遊覧船の桟橋が氷川丸の脇にできたのは最近のことだろう。真っ白なPEACE BOATが接岸した大桟橋も、大きく変貌した。なお山下公園は、関東大震災の復興事業のひとつとして瓦礫を使って海を埋め立て、1930年（昭和5年）に開園した日本最初の臨海公園といわれる。1960年（昭和35年）全面接収解除の後、翌1961年に再整備を完了した。

山下埠頭に陸揚げされたばかりのオースティンA40、1958～60年のマークI。ピニンファリーナが手がけた最初のオースティンで、通称A40ファリーナと呼ばれる。このクルマはイギリスでの登録ナンバーをつけているから、彼の地からの持ち帰りだろうか。外国ナンバープレートに、まだ見ぬ異国を感じていた。右前輪がパンクしているのはちょっと哀れ。リアビューの右後ろに写っているの軽三輪のヘッドはダイハツ・ミゼットではなくて、日野自動車販売（旧・三井精機工業）のハスラーEMという数少ないもの。おそらく東南アジア方面に輸出され、リキシャにでも改造されるため、船積みを待っているものと想像する。このハスラーはあとでもう一度、青山通りのカットに写っていた。

山下埠頭で輸出の船積みを待つスカイラインとトラックシャシー。このスカイライン、左ハンドルの輸出用ではあるものの名前はいわゆるPMCミカドではなくて、スカイラインのエンブレムをつけていた。

山下埠頭に陸揚げされたアメ車群は1961年7月に撮影。シトロエン群を捉えたこの日、最新の1961年型アメ車も大量に置かれていた。ダッジ、プリマス・フューリ、フォード・サンダーバード、フォード・ギャラクシー、マーキュリー・ミーティアなどが並ぶ。これらフルサイズセダンの多くはハイヤーや企業のVIP用として用いられ、個人ユーザー向けは少なかったと思う。1948年に外貨資金割当制度のもと、戦後初めてクルマの輸入が再開された。1961年には「見本市船」建造費用の一部をまかなうため入札による輸入車販売が始まり、完成車の輸入が自由化されたのは1965年10月からだ。遠景に写っているのはもちろん氷川丸。わきに写り込んだ倉庫は1957年にできた「鈴江組倉庫」(現・鈴江コーポレーション)で、現在でも使われている。

61年型フォード・ギャラクシー。

シトロエン2CVとDS19。

61年型プリマス・フューリとダッジ・ダート・パイオニア。

山下埠頭の付け根付近にあった京浜汽船の船着き場（浮き桟橋）。1961年4月の撮影。この「ぼうそう丸」に乗って、海の家代わりの親類を訪ね、対岸の千葉県富津へは実によく通った（いまでも続く）。向こうに見えるのは、間もなくやって来る「氷川丸」の係留に備えた工事中。したがってこのときは、遠くの大桟橋が見通せた。

マリンタワー足下の「ブルースカイ」で1961年7月に撮影した1961年型ポンティアック（カタリナ？）、MG-Aとスカイライン、オースティンヒーレー3000。最近の個人情報云々ではないが、ナンバープレートが明らかになってはまずいと少年心に思ってだろう、（数字をメモした上で）コンパスの針先でネガの膜面を削ってしまったのは失笑ものである。今回その傷跡を不自然に見えないよう修正した。

山下公園通り

マリンタワーから山下公園通りを歩いた隣の区画には、いまでもその姿をとどめる「ホテル・ニューグランド」があって、主要な撮影ポイントのひとつだった。メルセデス・ベンツ220とVWビートルが並ぶカットは1961年12月30日の撮影。1950年代後半から1960年代初期にかけて世界的に大流行したテールフィンは、ドイツのメルセデスにまで及んだ。独特の縦目シングルライトが、輸出仕様ではシールドビームの丸目デュアルに変えられてしまい、カーウォッチャーとしてはちょっと残念だった。安物コンバージョンレンズをつけたためだろうか、周辺ボケがひどくてソフトフォーカスのよう。ニューグランドの中に入ったのはこの何年か後、CGの一員として、ビートル試乗会の際にレストランに立ち寄った一度だけ。

1961年7月撮影のトヨペット・クラウン（1959年型か）は、外ナンバーをつけた左ハンドルの輸出仕様で、2トーンカラーのボディが国内仕様とは違って新鮮だ。フェンダー上のバッジはクラウン・カスタムの文字がつき、サイドモールディングの形状も、国内向けとは異なる。その後ろは1957デビュー年のトヨペット・コロナ。

メルセデス、ビートルと同じ日に撮影した、1961年型フォード・ファルコンは、アメリカにおける「コンパクトカー元年」といわれる1960年にデビューし、大ヒット作となった話題のクルマ。後ろはデビュー年型の縦目ニッサン・セドリック。まだ高層のニューグランド新館ができる前だから、空き地と道路を通して隣のビル（エッソ・スタンダード石油）が見通せた。

現在のホテル・ニューグランドは、1927年末（昭和2年）創業当時の面影をいまなお止めているようで、うれしい限り。向かって右側にそびえ立つ地上18階建ての新館（1997年オープン）のほかにも、よく見ると細部はいくつか変化していることに気づく。イチョウ並木の成長ぶりもご覧のとおり。

ホテル・ニューグランドから少し桜木町方向へ歩くと、次の区画には「エッソ・スタンダード石油」、「バターフィールド＆スワイヤー・ジャパン」、「アメリカ総領事館」と並んでいた。いまは創価学会神奈川文化会館（1979年開館）とザ・ホテル・ヨコハマ（同）のあるあたり。これら3カットはアメリカ総領事館前にて撮影。巨大なテールフィンが少し縮小されたシボレー・インパラは1960年型、まだ尖っているクライスラー・ニューポートは1961年型で、1961年5月と7月の撮影。USAの金文字がついた扉はアメリカ総領事館（1971年解体）。

ハンバー・スーパースナイプは、バターフィールド＆スワイヤー・ジャパンの玄関先で捉えたようだ。だとすると背景の建物はエッソ・スタンダードの社屋（左側）と、その社宅＆ガレージと思われる。現在、このあたりには創価学会の文化会館が建つ。1961年12月30日撮影。

山下公園通りを歩いて大桟橋に近づくと、現在の県民ホール（1975年建設）および産業貿易センターのあたりには、「アメリカ文化センター図書室」のほか、「レストラン・ゼブラ」、「香港上海銀行横浜支店」などが並んでいた。その付近に路駐していたのは1959年リンカーン・プレミア。1958～60年のリンカーンは、テールフィンとともに斜めのデュアルヘッドライト、ジェット機をイメージしたバンパー両端などのデザインが特徴的。リアビューのカットには、右端に大桟橋入り口付近、左端に「シルクセンター」と向かいの第二港湾合同庁舎が写っている。

シルクセンター

大桟橋埠頭入り口にほぼそのまま現存する「シルクセンター」（およびシルク博物館／シルクホテル）は、主要撮影ポイントのもうひとつ。1959年シボレー・ベルエアは最も好きだったテールフィンのひとつ。呆れるほどのびやかに大きな翼を広げており、これじゃあ後方視界も悪かったろう、と運転するようになって思ったが、クルマ好きの少年にとってはすばらしい眺め。1960年10月に、シルクセンター左角の部分で撮影。後方に見える建物は「横浜第三管区海上保安部」（現・横浜第二港湾合同庁舎）。シルクセンターは1959年（昭和34年）に、開港百年記念事業のひとつとして開設されたらしい。シルクホテルは1982年3月で閉鎖。

1930年代後半のパッカード・スーパーエイトは1962年5月に撮影。もう一台、似たナンバーのものを山手町で撮った（78頁）。シルクセンターのこのコンクリート柱、現在でもそのまま健在で、背景の街路樹は大きく成長していた。

黒い1959年型フォード・サンダーバードと1962年型ダッジ・カスタム。1962年7月の撮影。

1960年型ダッジ・セネカ2ドア。

シルクセンター前のクルマを撮りつつ、大桟橋の入り口方向を望む。ポルシェ356Aカブリオレは1961年7月の撮影。

シムカ・アロンド・エトワール（1950年代末期）は1962年7月21日の撮影。

1962年5月下旬にシルクセンター前で捉えたオランダ製のDAFダッフォディルは、1960年代前半のまだ目つきの悪い時代。現代ではCVTその他の名で多くのクルマに搭載されている、ベルトとプーリーを使った無段変速機は、このDAFがヴァリオマティックの名で開発・実用化したことが始まり。DAFは、1975年からボルボへと会社名・製品名を変えた。

シルクセンター正面から視点をさらに左に振ると、とんがり屋根の由緒ある「横浜海岸教会」が見えた。その右のビルはたぶん「神奈川県庁分庁舎」の背面。英国領事館はもう少し右にあった。左の鉄塔は「横浜中央電話局横浜電話中継所」と思う。被写体は1962年型ダッジ・カスタム880。翌年のフルモデルチェンジでテールフィンはすっかり消え去った。隣は黒い1959年型フォード・サンダーバード。1962年7月の撮影。

1960年に誕生したこれもまた話題のコンパクトカー、マーキュリー・コメット。背景はシルクセンター正面から北北西方向を見た「海岸通り」で、ずっと先は桜木町駅に至る。右側に建つのは現存する「横浜貿易会館」（現・横浜貿易協会）とそれに隣接の「日本船主協会船員サービスセンター」（現・海洋会館）など。正面、木立の向こうは「英国領事館」（現・横浜開港資料館）。もう少し視点を上げれば、この左あたりに「神奈川県庁本庁舎」のタワー（通称キングの塔）が写ったのに、と悔やまれる。まあ無理もない、1962年7月中旬の撮影当時はクルマしか関心がなかったので。

隣にはアーバンネットビルが建ち、木立はうっそうとしてきたが、1871年（明治4年）に建てられ1933年（昭和8年）にほぼ現在の姿になったという日本最初のプロテスタント教会、「横浜海岸教会」のグリーンのとんがり屋根はいまでも健在。ここはいまも変わらずきれいな鐘（1875年鋳造だとか）の音を響かせる。手前の一角は「開港広場」として1982年にオープン。日米和親条約調印の石碑を中心としたモニュメントなどを配した、憩いの場となっていた。明治時代に作られたレンガのマンホールや下水管も、遺跡として保存されている。この右側が横浜開港資料館（旧・英国領事館）。

現在は、海岸通りの先には「みなとみらい21地区」の象徴たる「横浜ランドマークタワー」がそびえる。

1961デビュー年型のビュイック・スペシャルはGM製コンパクトカーの中でもちょっと上級の存在であり、スタイリングにもフルサイズモデルのイメージを活かす。港湾施設の一部だろうが、鉄塔は何だったのか不明。左端に写ったちょっとモダンな3階建ての建物は、いまでも当時の姿を残す「エキスプレスビル」。エキスプレス食堂の看板も見える。右の建物は横浜海上保安部。それらの間には、さまざまな港湾関係会社および食堂などが軒を連ねる一角が少し写っている。1961年12月30日撮影。

ジャパンエキスプレスのエキスプレスビルは現在でもほぼそのまま残されており、とても懐かしい気分にさせられた。

最後のピュア・ライレーと呼ばれる1951〜53年のライレー1.5リッターは1962年7月に撮影。向かって右側に並ぶ後ろ姿はシムカ、左隣のSONYと書いてあるのは三菱500。

同年5月に撮影したBMCバッジエンジニアリングの成果、1957〜65年のライレー・ワン・ポイント・ファイブ。後に同僚のCG編集部員、田辺くんが中古車を購入し、短期間だが通勤に使っていたことがある。

1960年型オールズモビル98は1961年4月の撮影。この年のオールズはテールフィンというよりも、水平のフラットデッキを背負っていた。背景は山下公園の北西の端付近、「横浜パイロットビル」や「アジア石油山下町給油所」のあたり。クルマの背景にこれだけ多くの人々が写り込んでいるのは、自分の写真では珍しいこと。隣に駐車するのはデイムラー・マジェスティックだが、なぜか撮っていない。当時は、派手やかなアメ車の方により関心が高かったためか?

山下町

1956年型オールズモビル88は中区山下町225の「ケワラム商会横浜支店」前にいた。左端には「花園橋病院付属診療所」も写っている。リアビューの背景は横浜公園方向を見たところ。
現在はその一角が大きなビルになっており、1階には花園橋クリニックが開業していた。1961年9月撮影。

1954年型フォード・カスタムラインが止まるのは中区山下町41の「国際電信電話KK横浜国際電信電報局」の前と思われる。1961年9月の撮影。

薄れてしまった記憶では、1960年型リンカーン・コンティネンタルが止まっていたのは中区山下町、横浜公園の南東面に面したストロングビルからデスコビルあたりまでを、少しわきに入ったところだと思う。1961年5月撮影。

日本大通り

自転車と通行人の姿は少ないが、これは北京の風景か?と思わせるような「日本大通り」を、横浜公園の入り口寄りから1965年3月20日に撮影。英国人ブラントンの設計で、この当時の道幅は車道120フィート、歩道および植樹地帯は左右それぞれ30フィートだという立派な道路。左側の塔は「神奈川県庁本庁舎」のキングの塔(当時はもちろん、そう呼ばれなかったが)と、その手前は「横浜地方検察庁」と「横浜地方裁判所」。右側には「三井物産ビル」(日本初の鉄筋コンクリートビルだという)や「横浜商工会議所」(横浜商工奨励館の説もあり。現・横浜情報文化センター)、「横浜郵便局」などが写っているのだが、イチョウ並木に隠れてしまった。正面突き当たりは「野田醤油KK横浜出張所」と、いまでも残る前記した「日本船主協会船員サービスセンター」。ネガの傷を修正しながら、どうやらセンターラインを消してしまったようだ。お粗末。

現在では車道を大幅に狭めて歩道を広げ、快適な散歩道となった。イチョウ並木は剪定が行き届き、驚くほどの巨木にはなっていない。横浜地方裁判所には高層の新館が建ち、その手前には日本銀行横浜支店のビルができた。

同じ日本大通りを数日後に撮影。こちらは横浜公園の敷地内から、1958年型オールズモビル98をペンタックスSVにて、たぶんタクマー200mmレンズで狙ったもの。男の子が歩いている半円形の土盛り+看板部分が公園の入り口になる。右側には、保存建築物として現存する「大蔵省関東財務局横浜財務部」と、その向こうに「アメリカ銀行横浜支店」や「日本絹業倉庫」が見える。左側の建物は「協同電気KK」や「福織ビル」だろうか?

神奈川県庁前に止まっていた1959～61年ウーズレー6/99。オースティン・ウェストミンスターやヴァンデン・プラ・プリンセス3リッターとの兄弟車。それらの元は、ピニンファリーナの手になるオースティンA55ケンブリッジである。
フロントビューの背景は「県庁本庁舎」を取り囲む鉄柵と、それ越しに見る「横浜地方検察庁」。リアビューの背景は本庁舎の向かいにある「神奈川県庁分庁舎」と、左は日本大通り突き当たりの「日本船主協会船員サービスセンター」。1961年12月30日または1962年1月2日の夕方に撮影。これらはみな、歩道が拡幅されたことを除いて、いまでも見ることができる。現在の横浜地方・簡易裁判所は、2001年（平成13年）の新庁舎建設に伴い、低層部に旧建物を復元した。キングの塔の県庁舎は1928年（昭和3年）にできた。

大桟橋

1961年7月中旬、この日は盛大な出航風景に出会った。神奈川県警ブラスバンドだろうか、にぎやかな演奏の中、たくさんの紙テープが飛び交い、通りすがりの我々もわくわくさせられた。そんな雰囲気でシャッターを押したのがこれ。ただし、どこへ行く何という船なのかは知らない。見学デッキ上もそうだが、特に女性の服装が時代を感じさせる。

大桟橋の2号上屋あたりの見学デッキから先端方向を見る。1961年4月の撮影。クルマを撮るというよりも船と海を眺めに通った大桟橋は、何の変哲もない、ごくありふれた風景に思えた。

1960年10月（ジャガー）と、1961年7月の撮影。大桟橋から出航する人たちを見送りにきたクルマは、
1961年型シボレー・ビスケイン、1959～60年型ジャガー・マークII、1961年型ポンティアック。

1959～60年型トライアンフ・ヘラルドは、ミケロッティのデザインがよかった。後ろに見える派手なメッキグリルは1950年型ビュイック・スペシャル。1961年7月撮影。

1960年頃の英フォード・ゾディアック。

船舶にはほとんど関心がなかったのでよく覚えていないが、何度も目にして今でも記憶しているのが米APL（アメリカン・プレジデント・ライン）の「プレジデント・クリーブランド号」の名前。プレジデント・ウィルソンとともに太平洋航路の代表的な貨客船としてよく知られたそうで、この、鷲に4つ星マークはAPL社のもの。当時の撮影ノートに書いてないが、多分このカットはプレジデント・クリーブランドだと思う。

大桟橋の展望デッキから捉えた正体不明のオープンカー。1962年5月27日、当時の撮影ノートにはダットサン改造車なんてメモしてあるが、何を根拠にそう書いたのだろうか。この当時、どこに行くにもカメラを持って歩いたことで、こういった"妙な"クルマを捉えたことが何度かあり、CG創刊前に愛読していた「自動車ジュニア」誌に数回投稿していた。すれ違うのは1954年ダッジ・コロネットか。左の壁は接岸中の船体。

大桟橋からマリンタワーと氷川丸方面を見る。1961年7月と11月の撮影。当時はひときわ目立ったホテル・ニューグランド。21ページの現在と比較されたし。

2005年5月、40数年ぶりに訪れた快晴の大桟橋（横浜港大さん橋国際客船ターミナル）は、さすがミナト・ヨコハマというべきだろう、個性的で魅力的な観光スポットに変貌していたのには驚いた。事前に変わったとは聞いていたが、その予想を上回って、波を表わす起伏に富んだウッドデッキが実にいい眺めだった（2002年に改築）。首都高速道路と「横浜ベイブリッジ」ももちろん、当時は存在していなかった名所。

横浜公園

1876年（明治9年）開園と歴史のある「横浜公園」は、終戦後すぐ進駐軍に接収され、敷地内（北の日本大通り側から入って左手前の区画）には、彼らのための教会「ヨコハマ・チャペルセンター」が造られた。教会の接収は1953年に解除となり、しばらくはそのまま使われてきたが、1977年（昭和52年）、それまでの平和球場（古くは横浜公園野球場、接収中はルー・ゲーリック球場）を近代的な「横浜スタジアム」に建て直す際、建坪率をクリアする必要性からすべて撤去されてしまったのだという。そしていまはこの場所には災害時の広域避難場所を兼ねた「日本式庭園」が広がっており、当時の面影はない。自分で言うのも何だがこのカットは、珍しくもクルマのみのアップではなくて、背景の建築物も写し込んでいることに感心。どうせならもう少し後ずさりして、鐘楼まで入れればよかったのに。1961年5月14日の撮影で、クルマは1955年以降のフォルクスワーゲン・カルマンギア・クーペ1200。

チャペルセンターを背景にした1961年型ブルーバード・エステートワゴンの輸出仕様で左ハンドル。その後ろは1960年型シボレー。

チャペルセンターにやって来る人々が駐車するため、このあたりは格好の撮影ポイントだった。これら一連は1965年3月21日と22日に撮影。クルマは1962年型ポンティアック・カタリナ。1960年代のポンティアックは、端正なスタイルで大好きなブランドのひとつだった。現代の同ブランドには失望しているが。
カタリナの後ろに見える「演説台」のようなものはチャペル・センターに向かい合っており、何に使われたのだろうか？　その前面には、獅子頭の蛇口がついた手洗い場が見える。横浜公園を縁取るクスノキの向こう、道路をはさんで建つビルは、左が現存する「大蔵省関東財務局横浜財務部」、右は、いまはない「絹織物　KK荻原」（現・中区役所）。そのさらに右は、ビル建設が始まったことが見て取れる。

1957年型ビュイック・スペシャル。

ビュイックの前に止まっていたのは1953年型ポンティアック・チーフテン・デラックス。この年からテールフィンらしきものが始まった。

1952年頃のポンティアック・チーフテンには、まだテールフィンはない。前方にいるのはプリマス・ヴァリアント、その右は横浜公園入口の土盛り。

1953年型スチュードベーカー・コマンダー。

横浜公園の、中心部の噴水に向かってさらに進んだところも、彼らの駐車スペースとなっていた。
この1958年型オールズモビル98は、46ページで日本大通りを背景にしたショットと同じもの。

1954年型キャディラック60Sの堂々たる体躯。キャディラックのテールフィンは最も早くて、
すでに1948年型からその兆候が見て取れる。

前後を1957年シボレーに挟まれた1959年型マーキュリー・モンテレイ。フロントビュー背景には公園グリルのほか、左後方に「横浜公園体育館」(旧称フライヤージム)が見える。リアビュー背景は「児童遊園地」や「横浜公園野外音楽堂」の方向。

1961年11月に撮影。当時は公園中央の噴水に向かって右手前に「喫茶／軽食・公園グリル」があった。クルマは上から1951年型ポンティアック、1961年型フォード・ファルコン、1956年以降のルノー・ドーフィン。ドーフィンの脇にあるレンガ積みの円柱は、横浜公園の入り口。夕方撮影のため露出不足になってしまった。

横浜公園の北東面に路上駐車した領事館ナンバーの1961年型クライスラー（サラトガ？）と、1960デビュー年のシボレー・コーヴェア。クライスラーのテールフィンは、怖いくらいに鋭く尖っている。話題の画期的コンパクトカー、コーヴェアの後ろは1955年型デ・ソート。これらの背景になったビルは、公園内からも何度か写っているが、右側のしゃれたデザインが「KK荻原」、無個性な左側が「大蔵省関東財務局横浜財務部」。1961年11月に撮影。

いまは横浜市の保存建築物として補修・保存されている旧大蔵省関東財務局横浜財務部は、1927年に日本綿花横浜支店として建てられ、1960年から財務部となったものという。その後、平成になって横浜地方裁判所の解体・新築工事に伴い、その刑事庁舎として短期間使用されただけで、ここ何年かは空き屋のままになっている。2005年に再訪した際も、明るい茶色のスクラッチタイルを貼った外壁にはネットが被され、修復作業が行なわれていた。中央の車庫？をはさんでふたつの4階建てで構成されるが、やや背の低い右側の方は、1960年代前半に撮影したものとは外観が異なる。これは推測だが、当初は日本綿花の倉庫として造られたために背が低くて窓が小さかったから、財務部の事務所として使用するにあたり、内部とともに窓を大きく改修したのだろうと思う。日本大通りに面した玄関には、凝った装飾が施されている。一方、味わいのある外観の荻原ビルは後に解体されてしまい、1983年（昭和58年）には横浜市中区役所新庁舎が建った。

1961年5月14日撮影の1957年型インペリアルは、いまだ撮影場所の特定ができていない。たぶん、横浜公園北面、野外音楽堂の外に路上駐車していたものと思う。現在このあたりの町並みは一新されているようで、決め手となるものが発見できなかった。

横浜公園の西面、横浜市役所の前から1965年3月22日に撮影した横浜市電。4番の保土ヶ谷行きとすれ違うのは、いすゞベレットの2ドアセダン。左側のかまぼこ屋根は、公園内の平和球場隣にある体育館で、1953年末（昭和28年）に米軍のスポーツ施設として造られた「フライヤージム」。やがて返還され、大改修の後1958年末（昭和33年）に「横浜公園体育館」として落成したが、老朽化により1972年（昭和47）に解体された。後ろの高架は国鉄根岸線であり、桜木町～磯子間は1964年5月（昭和39年）に開業した。

横浜市電のレールは1972年頃に撤去され、横浜公園体育館も消えたが、もちろんJR根岸線は健在。背後には大きなビルが林立した。

本町

カーウォッチングの合間に、その魅力的な姿にカメラを向けた「横浜市開港記念会館」、通称ジャックの塔。1874年（明治7年）に建てられた「町会所」が火事で焼け、1917年（大正6年）に再建されたものだという。ネオ・ルネサンス様式で、赤いレンガと白い花崗岩との混合積みが美しい。右前方が桜木町方面で、バスがいるあたりに並ぶビルは「三井信託銀行横浜支店」や「三井銀行横浜支店」。ここ本町通りには市電が通っており、銀行の前に「本町一丁目」停留所があった。

現在の姿。1965年3月20日の撮影当時は平屋根で、外観もくたびれていたが、1990年（平成2年）の改修時に当初の屋根に戻され、外装も化粧直しされた。関東大震災や米軍の接収なども経た。これもやはり国の重要文化財。

南仲通

1960年型キャディラック60スペシャルは1961年9月、馬車道に面し富士銀行横浜支店の隣、当時の「京浜倉庫ビル」（現在は馬車道大津ビルとして保存中）わきで撮影。この時代のキャディラックは大好きなブランドのひとつだから、出会うたびに撮っていた。テールフィンからは派手なジェットランプが消えたものの、まだまだ立派に尖っていた。

右手前がやや黄みを帯びた保存建築物の「馬車道大津ビル」。1936年（昭和4年）に建てられ、シンプルながらもアール・デコ様式を取り入れてある。

南仲通3丁目、市電通りに面してナイトクラブの「ナイト・アンド・デイ」があり、そこにはいつも外車が止まっていた。少年時代、もちろん中に入ることはあり得なかったが。1961年型キャディラック60スペシャルもやはりナイト・アンド・デイの前に駐車中で、道路の反対側が写っている。それらは「神戸銀行横浜支店」と「三菱銀行横浜支店」、富国生命の看板の下は当時の地図によれば「北海道拓殖銀行横浜支店」だと思うが。そしてSOUVENIRのアーチがあるのは「絹製品スーベニア加藤商店」、その左は閉店したどこかのショールーム、そのまた左は「T.オオモリ装身具店」（フロントアップ・カットの背景）。この一角は進駐軍相手の店だったのだろう。

当時の写真でいえば背景の神戸銀行から右半分を見た、現在の街並み。

1960年型フォード・ギャラクシーも60ページのキャディラックと同じ現・馬車道大津ビルのわきで、1961年12月30日に撮影。

右角が「馬車道大津ビル」。その左隣は、1929年建造でやはり保存建築物の「旧・富士銀行横浜支店」（旧・安田銀行横浜支店）で、この時は映像文化施設の改修工事中だった。

かつてのナイト・アンド・デイは、いまの日本旅行のところにあったものと思う。

1960年型フォード・サンダーバードはナイト・アンド・デイをバックに1961年12月撮影。Tバードは1955デビュー年から続いた初代ボディがここで終わり、翌1961年モデルから、宇宙船と称されたデザインへと大きく変わる。

中区南仲通の、現・馬車道大津ビル付近のビルわきで1961年9月と12月30日に撮影した1956年以降の英フォード・コンサルMkIIと、1947.5～48年型米フォード。

前記した神戸銀行のわきに止まっていた1958～61年型オースティン・ヒーレー・スプライトのマークI、通称カニ目。左前方の看板が「かばやき料理・福久」。福久の前に止まっていたのが、1960年秋に空力的で大胆な変身を遂げた独フォード・タウヌス17M。日本に入ってきたのはデュアルヘッドライトがつけられ、オリジナル楕円形の魅力はないが、それでも当時はびっくりしたものだ。前後カットそれぞれは別のクルマだが、フロントビューの撮影場所は不明ながら、ネガでは隣り合ったコマ。

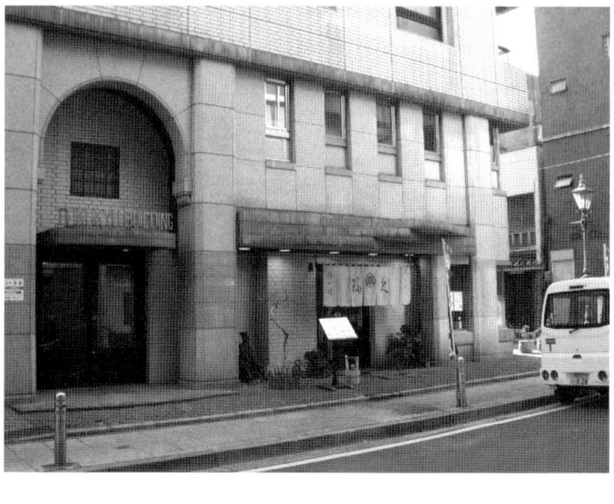

現在の福久は6階建ての立派な福久ビルディングへと繁盛している様子で、いまでも割烹を営業していた。

弁天通

中区弁天通3丁目44の、前記ナイト・アンド・デイの隣、ガソリンスタンドに置いてあった1961年型オールズモビル98を1961年9月に撮影。背景のビルは右が「住宅公社ビル」、左が「弁三ビル」でいずれも現存する。後者は当初、原ビルと呼ばれ、1階に小さな商店がいくつも軒を連ね2～4階は住宅という、いわゆる下駄履き住宅としては戦後我が国最初の例（1954年竣工）。といったことが、中区史を見ていたら書いてあった。旅館・辨天荘、喫茶ポートといった看板が見える。

ガソリンスタンドは消えたが、ふたつの建物はいまでも健在。1階の店舗を歩きながら眺めていたら、向こうの端から2軒目に、完成当時真っ先に入居したテナントだというソバ屋がいまでも営業していた。

最も好きだった1959年キャディラック62のテールフィン。雨上がりに撮っているが、多少の雨の日でも撮影に出かけていた。普段は1カットしかシャッターを押さないが、気に入ったクルマなので3カットほど撮っている。1962年1月2日に撮影。この前後にも59年型は街で出会うたびに撮影していたが、残っているネガはこれだけになってしまった。時代に逆らうようだが自説としては、フルサイズのアメ車はのびやかに、こうでなければいけない。ただしこの当時は知らなかったが、上級モデルのエルドラードでは、テールフィンはもっと大きく立派だった。道路わきに写っているのは「森永商事KK倉庫」。正面カットの背景に写り込んでいるのは、左が当時の「東京銀行横浜支店」(1904年頃に完成。旧・横浜正金銀行本店、現・神奈川県立歴史博物館)、右が当時の「日本火災横浜ビル」(旧・川崎銀行横浜支店、現・日本興亜馬車道ビル)で、どちらもいまでは名所として保存中。リアビューの左前方は当時の「東京新聞横浜支局」。

現在の横浜平和プラザホテルの前あたりにキャディラックは止まっていた。横浜の保存建築の中で最も有名なひとつが県立歴史博物館(1967年に県立博物館としてオープンし、1995年からは県立歴史博物館に)。花崗岩でできたドイツ・ルネサンス式の堂々たる建築物は、国の重要文化財でもある。キャディラックの後ろに写っていたのは、この側面を背後から見たアングルだった。もうひとつの日本興亜ビルは1989年(平成元年)、手狭になった旧館を建て直す際に、立派な外壁を可能な限り残しつつ(正面と右側面の2面)、その中に近代的な高層新館を建てるという名案を採用。東京丸の内などにも似た例があり、今後は大いにこの手法を取り入れて、貴重な歴史的建造物を守っていくべきと強く思う。

太田町

この1961年型から、リンカーン・コンティネンタルは斬新なデザインに生まれ変わった。3年後に、GMからやってきたデザイナーの手で、三菱デボネアがこれそっくりのデザインを実現したことはよく知られる。1962年1月2日に、中区太田町4丁目で撮影したと思う。右後方、空き地越しに写っている立派なビルは、前記した現・日本興亜馬車道ビルと思える。そうすると、左後方は横浜調達局か。

フロントビューと同じ方向を見た現在の街並み。

1960年前後のAMCメトロポリタンは、1954年、事実上アメリカ初のサブコンパクトカーとしてデビュー。AMCの前身であるナッシュが企画し、英オースティンのコンポーネンツを用いてイギリスで生産されたもの。前ページの場所に近い中区太田町付近で撮影。

1962年4月に撮影した白タイアを履く1961年型トヨペット・クラウン1900スタンダードと、1959年型ビュイック（ルセイバー？）。クラウンの向こう側は、ガラス扉に「フルーツパーラー○ニツカ」と読み取れる。ビュイックの方は背後に「松屋質」とあり、場所は太田町6丁目らしい。このあたりからビジネス街から生活感のある町並みに変わってくる。それにしても1960年代初期は、横浜中心部とはいえどもこのような空き地が多く見られ、ゴミも多く、町並みは決してきれいではなかった。

馬車道

中区尾上町5丁目、市電の停留所「馬車道」を通過中の日本梱包トランポには、ホンダ・ドリームが満載されていた。1961年4月の撮影だから、この頃のホンダは2輪のトップメーカーに成長していたが、4輪車の誕生まではあと2年待たねばならない。背景には「横浜メガネ」や「レストラン・スエヒロ」「パールカメラ商会」などが見える。

横浜メガネは左に移転したらしい。タクシーが出てきたところが馬車道の通り。馬車道商店街は1977年（昭和52年）、再開発が完成し生まれ変わった。和菓子「松むら」は当時もここで営業していた。

住吉町

中区住吉町3丁目、市電／バスの相生町停留所前には「神奈川日野自動車KK中古車部／サービス部」があった。その店先に路上駐車する1961年型日野コンテッサ900デラックス、ルノー・ドーフィンと後ろは日野ルノー。向かいの建物は当時の中区役所。1961年9月撮影。

中区役所は1983年、横浜公園前の旧・荻原ビル跡地に移転。ここは1986年に関内ホールへと生まれ変わった。

中区常盤町2〜3丁目で1961年9月に撮影したフォルクワーゲン・ビートルと1957年型マーキュリー・モンテレイ。ビートルの背後に写っているのは「公衆浴場・常磐湯」と「帝国興信所横浜支所」（現・帝国データバンク）。マーキュリーは「酒井工務店詰所および作業所」わきにあるから、背後は「読売広告社」が入った駒井ビルと思う。マーキュリーのリアビュー左前方にはシャープの「早川電機横浜支店」をはじめ、帝国興信所と常磐湯も写っている。まだまだ空き地や資材置き場が点在していたことで、こういった背景の様子が見通せたわけだ。

現在このあたりはすっかり変わってしまい、遠くも見通せないために、当時の撮影場所の特定は難しかった。どうやらビートルは、ステージアのあたりに止まっていたようだ。

関内

中区港町2丁目、国鉄根岸線・関内駅の桜木町寄りを出たところにある「天婦羅・天吉」に止まっていた1959年までのモーリス・オックスフォード。背景の様子をご覧あれ。関内駅前といえども、当時はまだこんな状態だった。当時の地図を見れば、周辺は何々用地、つまり空き地ばかり。1965年3月22日撮影。

角の給油所はコンビニに変わり、後方には大きなビルが立ち並んだが、創業明治5年という天吉は改装され、いまでも営業を続けていた。聞くところによれば、この天吉は某有名ミュージシャンの実家だとか。

千歳町

中区千歳町2丁目のモービル・ガソリンスタンドで発見した正体不明のスポーツカー？いつも歩き回る地域から少し離れているから、市電の車窓から見つけたのかも知れないし、伊勢佐木町周辺を歩きながら出会ったのかも知れない。1962年4月8日。この改造車、何を気に入ったのか11カットも撮影。当時のメモにはボロナ改造車とあり、つまり初代トヨペット・コロナをベースにMG-Aを模して、町工場で改造したものと想像する。コロナならば後輪はリジッドのはずだが、隣り合った日野ルノー以上に極端なポジティブキャンバーがついており、独立懸架にしたのだろうか。ドアにはYAZAKIの文字がある。初代コロナのS型4気筒SV・1000cc・33㏋エンジン搭載のようだ。スタンドの背後には「西場自動車修理工場」とある。

背景の西場自動車を手がかりに現地を突き止め、ガソリンスタンドで伺うと「これは確かにうちです」と明言されたが、正体不明のクルマについては何もわからなかった。背後には高架の首都高速狩場線が開通していた。西場自動車は建て直していまも営業中。

改造車を撮ったあとの流し撮りは、市電通りをやって来た1957〜62年メルセデス・ベンツ300d。超高級な600が出る直前まで生産され、当時のメルセデスではいちばん立派な大型高級車だった。4ドア・ハードトップ形式を取り、6ライトの開放感は相当なもの。

当時はプリンスの中古車センター前だったから、いまの日産プリンス神奈川販売、このあたりだったと思う。

山手町

1960年型シボレー・コーヴェアと並ぶ1958年以降のオペル・レコルト・ワゴン。マリンタワーの先から山下橋を渡り、谷戸坂を登って、直後にオープンしたのであろう「港の見える丘公園」（このときは存在も知らなかった）の前を通り過ぎしばらく歩くと、そこには別世界が広がっていた。米軍関係者とその家族の居住地区だった中区山手町で、1962年3月のこと。起伏に富んだ芝生が広がり、たっぷりとした間隔を開けて真っ白なペンキを塗った家が点在。もちろん行ったことはなかったが、雑誌やテレビで見るアメリカの住宅地そのものの印象だった。ひともほとんど見かけないから、あちこちに駐車するクルマたちを、片っ端からカメラに収めた。しかし、いま残っているネガはこの1本だけ。一度、ジープに乗ったMPが不思議そうな顔でこちらを観察していたが、学生服でクルマの写真を撮る日本人に不信感は抱かなかったのだろう、やがて走り去っていった。山手住宅地区の最終返還は1972年2月（昭和47年）。

外人墓地の向こうに見えるとんがり屋根は山手教会だろうか？　外人墓地は1854年（安政元年）にはじまり、日本の近代史に名を残す数々の外国人が眠る。

1959年以降のローバー3リッター。

シルクセンターの前で見たものとナンバーの似た、もう一台のパッカード・スーパーエイト。このクルマの写真は当時CARグラフィックにも投稿した。小林彰太郎さんによれば、宮内庁が国産のプリンス・グロリアと入れ替えに、1960年代初期に放出したものを、占領軍人が購入したものだという。

1960年型シボレー・コーヴェア、1961年型クライスラー・ニューポート。
クライスラーの立派なテールフィンは、36ページと57ページをご覧あれ。
翌1962年には尖ったフィンが丸められてしまう。

アームストロング・シドレーのスターサファイア（1958～60年）。アームストロング・シドレーというクルマ、出会ったのは後にも先ににもこれっきりで、本国イギリスでも出会ったことがない。アームストロング・シドレー社は1959年にブリストル-シドレー・エンジン社となり、1967年にロールス・ロイスに買収されて消えた。クルマの生産は1960年頃に終了したようだ。

キャディラックも1961年型になるとテールランプが横型に変わり、上方へのフィンが低くなるにつれ、下方にも新たなフィンが突き出してきた。こうしてみると、山手住宅地区には白いボディカラーが多かったことに気づく。

1965年3月、「港の見える丘公園」からの展望。山下埠頭、氷川丸とマリンタワー、大桟橋の順。足下、新山下町の沖合には広い貯木場があり、その右前方にヨットハーバーがあったのだが、このカットではそこまで写っていない。

すっかり名所として整備された港の見える丘公園からみた現在の横浜港。ビルが建ち、高速道路が走り、ベイブリッジが架かったけれども、マリンタワーと氷川丸はほとんど変わらずそこにいた。

ヨットハーバー

こんな沖合に「横浜ヨットハーバー」があったことも、なぜそこまでてくてく歩いていったのかも、まったく記憶にないが、こうしてクルマとヨットの写真は残っている。1950〜53年のMG-TDは1962年7月の撮影。普通の大人たちは、バイクや自転車で釣りにやって来るのであろう。ヨットハーバーは1937年（昭和12年）には完成していたそうだが、横浜港外の埋め立て工事に伴い1964年頃から使用不能となった。

ヨットハーバーに出る手前にあったと思われる1953〜56年MGマグネットZAと、1961年独フォード・タウヌス17Mのエステート。

高島町

ふと思い立って、東横線を高島町駅で下車、海の方向へ歩いていった際の眺め。ここ西区表高島町一帯は一般人の立ち入る区域ではなくて、クルマの収穫はなかったが、貨車ヤードを走る蒸気機関車を見たのが収穫。貨車の列を引いて踏切をバックしてきたのはC56139。ターンテーブル付の扇形機関庫もあったとは、後日地図を見て知ったこと。1961年4月の撮影。

この場所はあれっきり行くことはなかったのだが、いまになって価値?が出てきた。つまり近年「みなとみらい21」中央地区として巨大な再開発が行なわれ、まったく姿を変えたからだ。ここから見るとまだまだ広い空き地が目立つが、今後さらに開発が進み、眺めを変えていくことだろう。日産自動車も、博物館付の本社新社屋をこの一角に建設する予定と聞く。東横線の横浜～高島町～桜木町駅間はもうすでにないが(2004年廃止)、JRの高架橋は現役。

横浜駅

横浜駅の国鉄側東口を出ると、そこはまだ大して開発が進んでおらず、広々としていた。MG-Aクーペ（1957～62年）は1961年4月、トライアンフ・ヘラルド・コンバーチブル（1959～71年）は1962年7月21日の撮影で、ヘラルドの背後には板囲いに「横浜駅前振興株式会社第一期建築工事」とあるが、やがてここに「センタービル」（後のスカイビル）が建つことになる。その先はもう、すぐに海につながっていた（高島船溜まり）。

現在の横浜駅東口はまったく違った風景を見せる。目の前には高架の高速道路が横切り、その向こうには巨大なスカイビル（1968年完成）や横浜そごう（1985年開店）がそびえ建つ。

日吉

1960年10月に撮影。意識してクルマの写真を撮るようになった初期の頃は、「東横線日吉駅」東口沿いの綱島街道に駐車したものと、走行車両の流し撮りだった。まだ日吉台中学校に通っていた頃。室蘭ナンバーのランドローバーはその中でも最初の一枚かも知れない。

1949年型シボレーの右後方に写っているのが日吉駅東口の階段と案内板。この綱島街道を横断して左側へ進むと、慶応義塾のイチョウ並木が始まる。手前が東京方面。横浜市港北区日吉といえばやがて住宅地として人気も高まったが、この時代は電話局番が隣の川崎市と同じだったり、所詮は横浜市の端っこが実感だった。

コロナは1961年10月にマイナーチェンジを行ない、このグリルパターンの1500デラックスを加えた。価格は72.9万円。

SCHOOL

慶応義塾の入り口に止まっていた外ナンバーの1958～61年型ジャガー・マークIXを、1961年11月に撮影。リアビューの背景が、一段低くなった線路をまたぐ日吉駅の駅舎でこちらは東口。サイドビューの背景は慶応の敷地。学校ありの木製道路標識が懐かしい。

45年後の日吉駅は、ショッピングゾーンを組み込んだ駅舎がど～んと大きく構え、見違えるようだった。これまで、運転して綱島街道を何度も通過していたが、こうして電車から降り立って見るのは数十年ぶりのこと。横断歩道を渡ってこちらにやってくる人の波は、慶応義塾へ向かう人と、日吉の南地区方面へのバス停に向かう人。ただいま道路下は横浜環状線の工事中で、2007年（平成19年）には地下駅ができる予定。

日吉駅東口の元住吉寄り、線路と綱島街道に挟まれた一角はある時期、慶応義塾に通う学生たちの駐車場になっていた。時には道路上にもあふれていたから、クルマ好きには楽しいポイントとなった。慶応ボーイたちはイギリス製スポーツカーないしはスポーティーカーが好みのようで、サンビーム・アルパイン・シリーズI、MG-A、MG-TD、MGマグネットZBなどが見られた。初期型アルパインのテールフィンは、流行に沿ってこんなに尖っていたのも、いまとなっては新鮮な驚き。TDの隣はモーリス・マイナー。ドイツ車ではメルセデス・ベンツの170や300が駐車中。背景の架線はもちろん東横線のもので、その向こうに線路沿いの商店や民家が見えるが、慶応の学生向けの雀荘や喫茶店なども写っている。これらは1961年4月～11月頃までの間に撮ったもので、やがてここは東急バスの営業所となるから、ここでの楽しみはお終い。このフィルムには自称「VWカスタム」も写っていたのだが、大事にしすぎた結果だろうか、紙焼きもネガも行方不明になったのがひどく残念。後に取り上げる共進カスタムとは別の、何というのだろう、ヘッドライト回りに特徴のある（ジェンセン・ヒーレーGTに似たライト）改造スポーティーカーだった。たしか、自動車ジュニア誌に投稿し掲載されたと思う。この業界に入りながらも、とうとう二度と写真ですら見る機会がなく終わった。

綱島街道沿いに慶応義塾の屋外プールがあって、そのわきにはMG-Aが止まっていた。ポピュラーなスポーツカー、MG-Aは、当時の少年たちにとってもあこがれの的。背後に見える跨線橋は、かつて我が家のあった西口側へ渡るためのもの。

現在の同じ場所。東急デパートの入った駅ビルが大きくのしかかってきたし、プレセアが左折しようとしている跨線橋も低く掛け直された。

東口の元住吉寄りから1962年4月22日に撮った東横線日吉駅。渋谷行きのステンレスカー（外板が）6000系が停車中。ホームの延長部分は板張り。ホームはいまでは大きな駅ビルが覆い被さった半地下式になったから、今昔比較の写真は撮影不可能だった。

日吉駅の出札所風景は1962年4月9日頃の撮影。東口方向を向いて撮っており、右が切符売り場で左が改札口。天井からの照明が点いていないところをみると夜ではないようだが、なぜか無人で妙に寂しげだ。

夜景は前記慶応義塾駐車場だったところから見た綱島街道の流れと、東急バス溜まり。

慶応義塾構内の広場から、入り口方向を振り返る。日吉駅とその向こうの町並みが少し見える。1962年4月22日撮影。

イチョウの木は大きく成長したが、並木道は基本的に変わっていない。前方の日吉駅は大きくなって、町並みは見通せなくなった。慶応義塾日吉キャンパスは1934年（昭和9年）に開設され、戦災も接収も経験している。真っ白だったいくつもの建物が、空襲を避けるために（と、大人に聞かされた）、真っ黒な墨？を浴びせられていた姿も記憶に残る。

イチョウ並木に止まっていたのは日野コンテッサ900と日野ルノー。

慶応義塾構内で1962年4月22日に撮った、1960デビュー年のニッサン・セドリック・デラックスと1961年マイナーチェンジ後のダットサン・ブルーバード1200スタンダード。この先を進むと通称イタリア半島。マリンタワーの明かりが見えるところ。

慶応義塾敷地内の駐車場で見たオースティン・ヒーレー100。1961年9月の撮影。こうしたカーウォッチングの以前は、広大な敷地内は格好の遊び場＆探検地域で、近所の兄貴分に連れられ、戦争の名残である防空壕に、空き缶にロウソクを立てたカンテラを持って入ったりしたものだ。

普通部通りのいちばん奥まったあたりから見た日吉の南地区。少し前まで「田ん中中学校」と呼ばれ、まわりはすべて田んぼだった日吉台中学校の周囲を、「大塚製靴」や「住宅公団南日吉団地」が取り囲んでしまった様子を記録した。現在は団地も建て替えられ、残った田んぼも住宅街となった。1962年4月撮影。

その南日吉団地内で見かけたプリンス・グロリアは1962年6月の撮影。国産乗用車初のデュアルヘッドライトをつけ、テールフィンも大きくなった1962年2月以降のモデル。黒いボディにメッキパーツが栄え、この時代のグロリアは豪華さを売り物にしていた。

同じ日に団地内で捉えたトヨペット・クラウンは初代の、1956年型デラックス。モノグレードでスタートしたクラウンにも、1955年12月からデラックスが生まれた。外観上はボンネット先端のマスコットとリアフェンダーにもメッキモールがつき、フォグランプと白タイアを装備する。

ペンタックスSVにタクマー200mmレンズを買ったことから、こんな写真も撮っていた。上から、1963年5月新発売のダイハツ・コンパーノ・バンDxはヴィニャーレ・デザインがスタイリッシュだった。遠方に東急のボンネットバスが見える。1960年5月新発売のマツダR360クーペは、まだシングルワイパーの初期モデル。当時もっとも安価な軽乗用車であり、スタイリングも魅力的。ここまで1963年8月に撮影。下は1964年4月新発売のトヨタ・クラウン・エイト。上から見て十文字に切ってボディサイズを拡大し、V8エンジンを載せた当時の最上級乗用車。全幅寸法に対してサイドウィンドーが立った超ワイド感が、不思議な威圧感を与えていた。この経験を経て、1967年にセンチュリーが誕生する。これのみ1964年8〜9月の撮影。場所はいずれも南日吉。

綱島寄りの東横線踏切と旧5000系電車。1954年10月に導入され、鉄道マニアの間では「雨ガエル」とも呼ぶそうだが、馴染みもあって、いまでも好きな車両である。日吉～綱島間のストレートは、都立大学付近とともに東横線では数少ない直線区間のひとつ。今では踏切は立体交差に変わり、電車の姿は見えなくなった。

綱島街道沿いにあったエッソのガソリンスタンド東横石油と給油中のプリンス・スカイライン、左端にコロナラインのピックアップが半分写っている。

これがクルマ好きの原点となったであろう、1954〜57年ポルシェ356Aスピードスター。当時住んでいた日吉本町の慶応義塾普通部入り口付近の自宅前に、いつも路上駐車していた真っ赤なオープンスポーツカーは、（小学校高学年から中学生の）少年をクルマ好きにさせ、とうとうこの世界に引きずり込んでしまった。撮影時期は不明で、たぶん1950年代の終わり頃と思われる。ネガはとうに紛失し、名刺判の紙焼きを後日複写したネガが唯一残っていた。これは想像だが、おそらく慶応義塾普通部の先生が通勤に使っていたのだろう。

日野ルノーを扱っていた共進自動車が、4CVをベースに作り上げたオープンカーは「共進カスタム」。リアエンジンへのインテークを兼ねた側面のアクセントは、1962年までのシボレー・コーヴェットをお手本としたのだろう。これは白と黒だったと想像するが、何台かを目にしたうち121ページの国立競技場前で撮ったものは、赤と黒のボディカラーだった。この当時、国産のスポーティーカーはダットサン・フェアレデー（初代のSPL212、フェアレディと呼ぶ前のモデル）が出たばかりだったから、とても目立つ存在だった。乗ってみればどうなのか、それはもちろん知らないが。1961年11月、日吉本町の自宅付近で撮影。同様なカスタマイズドカーとしては当時、久野自動車がクラウン・ベースで作った「クノペット」もあった。こちらも撮っていたが、ネガは行方不明。

当時の自宅付近で日吉台小学校正門前の交差点から3方向を見る。もちろん舗装なんてされていない、踏み固められた泥道+砂利である。左端のカットが日吉駅西口に至る普通部通り。突き当たりに見える建物は慶應義塾の大学。おそらくこの先を右に入ったあたりに生息していたのだろう、フジキャビンをよく見かけた。右端カットで電信柱のところを右に曲がると、我々の主要な遊び場だった慶応義塾普通部。近所の発明家風おじさんが、自転車の荷台に載せたエンジンで後輪をベルト駆動し、バタバタと試走していたのがこの道。あれは1950年代の後半だったのだろう。中央カットはポルシェの止まっていた自宅前の通り。我々の世代以上だと普通のことだろうが、夏の夕方は、この道の向こうから低空飛行してくるオニヤンマを網で待ち構えたり、キャッチボールや、大人の自転車で三角乗りを練習したのがここ。中小企業を経営する隣家のおじさんは初期のコロナに乗っていたが、用済みのカタログをくれたことが誘い水となり、しばらく収集が続いた。1962年5月に撮影。

2005年にここを再訪したら、住宅地ということは変わらず当然のような変化を遂げていた。妙に小綺麗な印象だったが、電柱と電線がうっとうしくもあり。

浜銀通りが突き当たる直前のバイク屋に放置してあった1932～35年頃のフォードB・2ドアセダン。ボディカラーはマルーンだったと思う。1962年4月15日撮影。

神奈川県警のパトカーはクラウン・ベースのトヨタ・パトロール。1962年7月撮影。

このページの2点はいずれも日吉近辺で撮影したものだと思う。1960年型フォード・サンダーバード。

病院のような建物の前に止まっているのはシムカ・9アロンド。後ろはマツダR360。

磯子区・天神橋

市電に乗って向かった磯子区の堀割川に架かる天神橋付近。川沿いに置き去りとなっている1950年代のフォード・アングリア。

神奈川・鎌倉

悪友たちと連れだって、鎌倉の八幡宮から長谷の大仏、江ノ島へ歩いた途中で偶然見かけた、メルセデス・ベンツ300SLロードスター。何気なく横を向くと、えっ、と思わせるような小屋の中に潜んでおり、ちょっとびっくり。190SLは何度か見つけていたが、300SLを撮るのはこれが初めてだった。1965年5月5日の撮影。

千葉・富津

クラスメイトとキャンプしようと京浜汽船で東京湾を渡り、千葉県富津港についたら、そこには見慣れない大きなアメ車が止まっていた。1946〜47年型ハドソンである。田舎の漁港にハドソンがなぜ？と思うが、こんな出会いがあるのも、カメラを持ち歩くことの楽しみのひとつ。1962年7月21日撮影。

東京・晴海

1961年7月撮影。東京晴海の第2回東京オートショーを見に行った際に、会場周辺でみつけたクルマは1961年デビューしたばかりのダッジ・ランサー、トライアンフTR3A（1958～61年）、BMWイセッタ300（1955～65年）、そして新旧シトロエン比較のDS19とトラクシオン・アヴァン。ランサーは翌1962年型で早くも消滅。イセッタはイタリア、イソ社のライセンスを受けて生産されたユニークな小型大衆車で、前面の大きなドアを開けて乗り降りするのが大きな特徴。三輪／四輪とあったうちの、これは後輪がふたつの方。

宮城・仙台駅

たまたま出かけた国鉄「仙台駅」をスナップしたのは、三河島事故直後でダイヤが乱れた1962年5月初旬。横断幕には「快速スカイライン号運転」、「仙台-上野間4時間53分 特急ひばり号が運転中です」とある。

それから四十数年後、まさか、孫たちに会うため仙台に通うとは、思ってもみなかったこと。東北地方の中心駅としてひらけ、新幹線までも開通した。

大好きな1959年型シボレーのテールフィンも、ステーションワゴン（ノマッド）になればこう処理される、という例。このデザインではウッディパネルを貼りようがないものの、やはりアメ車のフルサイズワゴンはすばらしい。たぶん都内で1964年1～2月に撮影したもの。外ナンバーをつけている。

1962年5月下旬に撮った1959～62年ポルシェ356B。356ポルシェは、バンパー/ライトの上がったこれ以降が好みである。撮影場所はたぶん横浜市中区のどこかだったと思う。背景の表札には富士○○株式会社とある。

1964年5月、都内某所で捉えた1956年以降の英フォード・コンサルMk-IIコンバーティブル。

趣味が仕事となることの楽しさ

当時のカメラ好きであれば、暗室作業を自分でやりたくなるのが当然の流れ。最初は物置小屋にこもって、幻灯機を使い、日光写真器用の印画紙に焼きつけていたが、1962年にはラッキーRF66カラーという名の引き伸ばし機とニコンレンズを購入。引き伸ばしとともに、たまにはフィルムの皿現像もするようになった。もちろん一般家庭に暗室などあるはずはなく、深夜、家族が寝静まった頃にカーテンを引き、隙間は目張りで遮光し、にわか暗室を作り上げて行なうのだ。赤くて暗いセイフティーライトの下で、印画紙にじわじわと画像が浮き出てくる楽しみは、すっかり暗室作業のとりこにさせた。暗室作業は二玄社に入ってからも続き、CARグラフィック誌に掲載された写真のいくつかは、こうして自分で引き延ばしたものである。

クルマ好きになれば当然のように参考書が欲しくなるわけで、その当時は、朝日新聞社から出ていた年鑑別冊を見ては情報を得、車名を覚えていた。気に入ったクルマや撮影アングルには、赤丸のハンコを押しながら。ごく普通に、全盛期だったアメリカ車と、ヨーロッパのスポーツカーがお気に入りだった。自動車雑誌はいつの頃からか、「自動車ジュニア」誌を愛読するようになっていた。ちょっと珍しいクルマを撮ってはそこに投稿し、何度か読者欄に掲載されたが、同じ投稿の常連には、のちに独オペル社のデザイナーとして大成する児玉英雄氏がいた。

彼はずば抜けて上手なイラストを描き、ほとんど毎号のように掲載されており、まだ会ったことはないのに強く印象に残っていた。CGに入ってから偶然に同じ横浜市日吉の住人となっていた彼とは知り合うことができ、ドイツに行ってからもおつきあいさせていただいた。2004年末に二玄社から刊行された彼の作品集「デザイナー児玉英雄」で、経年変化してしまった原画のデジタル修復作業を私が担当した。彼のオペルの退職とほぼ同時に刊行された、いわば彼の“卒業制作”で、美術品の修復作業を想わせるお手伝いができたのも、また何かの縁だろう。

さて、自分の卒業制作たる本書をまとめるにあたって、写真材料を揃えようかという段階で思わぬ事態に直面した。かつて撮ったはずのネガは半数が行方不明となっていた。なまじっか当時の撮影メモが残っているから、失ったネガに写されていた画像が惜しいのである。残った半数も保存状態は最悪で、全面に無数のひび割れが起きていたのだ。ネガを「お煎餅の缶」に保存する知恵はなく、ただ捨てないで残っていた、というのが実態である。これでは時代を語るには少々不十分である。

そこで、CARグラフィック誌に入ってからも撮影し続けた数年分も含めることにした。入社後もしばらくはアマチュアのカーウォッチャー気分が抜けきれずに、どこへ行くにもニコンFかペンタックスSVを持ち歩き、まめにシャッターを押していたから、クルマを見る視点は同じである。カメラマンの三本和彦さんや畑野進さんに撮影依頼するまでもない取材は特に、仕事としての写真を多く撮ってきた。その合間に撮ったメモカットを含めれば、少しは面白味も増すだろうと考えたわけである。

ところがいま、二玄社資料室をあさってみると、あれもないこれも行方不明と、整理には気を遣ってきたはずの資料室においてでさえ、古いネガを発掘するのは並大抵のことではなかった。長年、仕事というよりも趣味の延長気分で自動車資料の整理・管理に苦労してきたつもりだが、目先の仕事と並行しては、いつまでたっても納得できる状態には至らなかったということか。

画質の劣化に対しては、デジタルデータをAdobe Photoshopという便利かつ楽しいパソコンソフトを使って修復し、何とかお見せできるようになった。その作業は楽しさの度を超して苦痛だったが。おそらく、Photoshopの修復ツールは一生分を使ったことだろう。作業しながら思ったことだが、これは新しいスタイルの暗室作業で、時代が変わったことを身をもって実感した次第である。ここ何年か、別冊の表紙などでデジタル加工・修正の成果も試してきたが、誌面をご覧になってどこもヘンとお気づきにならなければ、私の加工技術もなかなかのもの、ということか。

退職までの二玄社における約40年間というもの、趣味が仕事となることの楽しさをたっぷりと味わうことができた。いつも思っていたのは、趣味の世界の雑誌を作る編集者たるもの、それを仕事と意識するよりも、好きで思わずのめり込んでしまうくらい楽しまないと、おもしろい記事や雑誌はできないということ。卒業後もお役に立てる限りは、仕事と趣味の区別なく、この楽しい自動車業界および出版業界に関わっていきたいと願うものである。

1965年9月に撮影した都内の青山通り。広々とした通りの中央部にはまだ都電が走っている時代。見える限り、国産車ばかり。こちらにやって来る左端の車線には、珍しい日野製の軽三輪トラック、ハスラーEMが写っている。

CARグラフィックに入ってから

1966年10月には、アメリカからインディーレースがやって来た。初めて実物を見るインディーマシーンや、何よりも有名なドライバーたちに目を見張った。たくさん撮った中でいちばんのお気に入りはこのショット。練習走行中に語らう右・グレアム・ヒルと、左・ジャッキー・スチュワート。ピットカウンターの上に置かれたヒルのヘルメットを手にして驚いたのは、想像したよりもはるかに目方が軽いことと、てっきり黒だと信じていた色が濃紺だったこと。ちなみに銘柄はブコだった。スチュワートのヘルメットはさわっていない。

1965年10月、ホンダ車の何かの発表会で写した一枚。初代F1のRA272、ギンサーによるメキシコGP優勝車のわきでにこやかな本田宗一郎社長。本田さんで思い出すのは、旧浅間コースで行なわれたホンダ・レーシングOB会合宿でのこと。快晴の浅間山を写生していた本田さん、「よし、できた」とスケッチブックをたたむので「あれっ、サインしないんですか?」と問うたところ、「サインしたら、(この絵に)価値が出ちゃうだろ、はっはっは」と。なるほど。この楽しかったイベントのカラーポジはまだ未発見。RA272は未完だが、RA273、301、302と私の描いた構造図をお褒めいただき、ありがとうございました。左隅は高島さん。

CARグラフィックに入ってから

ホンダF1・RA302構造図

村山テストコース

都下東村山にある運輸省工業技術院機械試験場、通称「村山テストコース」におけるトヨタ・パブリカ・コンバーチブルの計測準備風景。1964年2月20日。村山へくっついていったのは、前月のファルコン・スプリントについでこれが2度目。こんな寒い日なのに、これからオープンにして走ろうというわけで、トヨタのひとが幌をたたむ。向こうに立つのはいうまでもなく、左は小林彰太郎さんで右は高島鎮雄さん。前方に見えるブルーバードは、撮影担当の三本和彦さんが乗ってきた。テストコースといっても、もうすでに住宅はすぐそばに迫っていた。たぶんこのときだったと思うが、はじめてピザなるものを食べ、それ以来好物の一つとなった。村山テストの後は、福生の米軍基地近くの「ニコラス」へと食事に立ち寄ることが多かった。小林さんはメーカーのひとに、「ピザというものを知ってますか?　では、それにしましょう」と問い、通い慣れた調子で注文してくれた。横浜の田舎町に住む若者だって、知らない食べ物だ。あまりのおいしさに、溶けたチーズで上顎を火傷しながら、一生懸命に食べた。ピザのほかは、ランチのC1という仔牛のカツも取ってくれたが、何せ米軍相手のランチだから量もたっぷりで、いつもとは違う豪華な昼食に驚いたものだ。このコースは以後も何度か体験。

小林さんは療養中のため、高島さん、畑野さんと一緒に、村山テストコースに出かけ、アストン・マーティンDB5の計測を行なった。1965年3月4日の撮影。アストンには結局、一度も同乗できずに終わったが、往復の足として同伴してくれたあこがれのジャガーEタイプに同乗できたことで満足だった。CG誌面ですでによくご存じだろうが、当時の村山テストコースは、テストコースといっても1周2kmと短い上、周囲にガードレールもなく、舗装だって特別によいわけではなかった。ここを高速で飛ばせるひとたちの腕と度胸に驚嘆。ちなみにこのアストン、0-400m加速は15.4秒（創刊号のメルセデス300SLと同タイム）、0-100km/h加速は6.0秒（ローギアだけ）を記録し、600mのストレート終わり近くでスピードメーターは190km/hに達した。登録ナンバーの8007は、展示会などの際には8の字を白く塗って隠し、「ゼロゼロセブン」のボンドカーを装うため。村山テストコースは運輸省の管轄だから、当然ながらお相手するのは役人で（お決まりの）、それなりの気遣いが必要だった。テストに通うたび、次回はいつが空いてますか？と予約を入れるわけだが、その責任者である某技官には、定期的にビールの箱を運んだのも懐かしい。

日野コンテッサ1300の試乗は、湘南方面に出かけた。1964年10月7日、江ノ島付近の駐車場にて、ゼンザ・ブロニカを構えるのがカメラマンの畑野　進さん。その向こうが、パイプ姿の小林さん。あとのふたりは日野自動車のひと。畑野さんとは、この後、レース取材でいつもご一緒することになる。

好きなブランドだったポンティアックの、しかも最新型グランプリに同乗できてうれしかったのは1964年12月15日のこと。ただし現実は、この大きくパワフルでソフトなアメ車に乗って箱根の山道を飛び回ったことで、ほとんど一日中クルマ酔いしていたつらい日だった。箱根を飛び回るのは2度目くらいだったから、ある程度の覚悟をしてきたつもりだが、やっぱり早々に酔ってしまった。諸先輩にしてみれば、何と頼りない若者だろう、と思ったに違いない。まだ、気楽に運転はさせてもらえない時代。代々木のオリンピック選手村付近で撮影中のスナップ。カメラマンはいつもの三本和彦さん、それを見守るのは小林さんと、日英自動車の西端日出男さん。こうした取材にご一緒し、いろいろなことを教えていただき、次第に“三本節”のファンとなっていった。

1965年1月22日、この日は羽田空港駐車場にて、キャディラック・フリートウッド60スペシャルの撮影。大好きだったキャディラックのテールフィンは、1965年型に至りとうとうここまで小さくなってしまった、の図。もうひとつは、街の一クルマ好き少年の時代は目にする機会もなかった眺め。複雑に組んだ立体的なフロントグリルは、そのパターンが某国産高級セダンにそっくり再現された。キャディラックはこの年式から縦のデュアルヘッドライトに変更。

ライカを構える三本さんとレフを持つ高島さん、それをスナップするお気楽なCG1年生、という構図。背景は羽田空港の施設。

小林さんのZBマグネット助手席から撮った1932〜34年頃のグラハム・ペイジ。現役として後席にご主人を乗せ、ショファードリブンで使用中。デル・コンテッサの撮影に出かけた際に追いかけたので、麻布のどこかと思う。1964年5月19日の撮影。

これも同じ1964年5月19日、ZBマグネットの助手席から、横着して撮ったアルファ・ロメオ・ジュリエッタ・スパイダーの美しい姿。都心部とはいっても当時はまだ、こんな町並みが普通だった。横浜の街をうろうろしていた時代には、不思議とアルファ・ロメオに出会わなかった。

前記した共進カスタムの色違いを、国立競技場の前で目撃。こちらのボディカラーは赤と黒。1964年8月の撮影だから、背景の競技場は東京オリンピック直前の仕上げ工事中。

千駄ヶ谷駅前の東京都体育館は、職場のCARグラフィック編集部までの通勤路。駐車場ではロータス・エランやメルセデス・ベンツ190SLなどをスナップした。

皇居前でスナップしたのは外ナンバーの1960～68年ヴァンデン・プラ・プリンセス4リッター。1947年誕生のオースティンA135プリンセスから発展し、R-Rやベントレー、デイムラーなどに次ぐ格式の高さが誇りの高級車。丸外ナンバーはたぶん英国大使館の公用車だろう。1964年10月23日に撮影。二玄社に出社しても、午前中はCG編集部に誰も来ていないから暇で、ニコンFを持って都内のカーウォッチングに出かけることが多かった。これもそんな際のスナップ。

東京オリンピック会場にやってきたフィアット600は大使館のクルマだった。1964年10月24日撮影。

東京オリンピックが開かれ東海道新幹線も開通したから、1964年10月23日、「東京駅八重洲南口」に出かけて行った。いちばん手前に新設された新幹線ホームには、これまで見たこともない斬新な0系車両が停車中。これに初めて乗車したのはこの1カ月後、二玄社の社員旅行で京都までだった。止まっているタクシーにはクラウンが多い。まだ、大丸の入った駅ビルはこの高さだった。

1964年10月7〜12日頃の銀座通りは、まだ都電・銀座線が走っていたし、柳の並木も健在だった。4丁目のシンボル的な三愛の丸いビルをスナップ。やって来た5500形、1番の系統は品川〜上野間を結ぶ。その都電も昭和42年（1967年）12月で廃止された。それに伴う銀座通り整備工事の際、翌1968年に「銀座の柳」は撤去されてしまった。

四谷駅近くのJAIA事務所にあったアルファ・ロメオ1900ベルリーナ。日本に初めてアルファ・ロメオが正規輸入されたのは1952年（昭和27年）のことだが、そのときには1900ベルリーナが2台と6C2500ベルリーナが1台入ってきた。あとで聞いたことだが、撮影したのはこの正規輸入車の1台のようだ。

何かの折りに撮った小林さんのMGマグネットZB。どこへ行くにもこの助手席に座って、というわけで数え切れないほどお世話になった懐かしい存在。ダッシュボードのウッドパネルも、茶色の革シートも適度にくたびれていい感じで、小林さんは当時、パイプをくゆらしていたから香気も漂い、実によかった。いつものように助手席でくつろいでいると、外をすれ違った男の子が「あっ、ロールス・ロイスだ」と指さして叫んだのも楽しい思い出のひとつ。この際だから書いてしまうが、あれから何年かしてこのクルマを引き取らないか、と声をかけられた。真剣に悩んだが、現実はちょっと無理な話であり、お断わりせざるを得なかったことはいまでも惜しまれる。

上野公園文化会館の裏で撮影した真っ赤なフォードGT40。記憶は定かでないが、何かイベント展示用に来日し、すぐに帰ってしまったようだ。雑誌などでイメージしていたよりもずっと小振りで、びっくりするほど背が低かった。運転席に乗り込んでみたが、ドア開口部が屋根にまで続いて開くのは、当然のことと実感。そうでなければ乗り降り不可能。後にCG編集部に入ってくる岩本友一さんと横越光弘くんのコンビに、この俯瞰アングルの場を提供してもらって撮影。

執筆者というかほとんど身内の存在だった白井順二さんが1964年9月頃、スバル360に乗って来社した。このちっぽけな軽乗用車を持って、あの大きな白井さんがインドに住むというのでびっくり。その滞在記はCGに連載されたからご存じの方も多いと思う。右側面にはインド各地の地名と位置が描かれており、これらを走破した。

1966年3月、あこがれのF1ビッグドライバー、ジム・クラークが初来日。羽田のVIPルームで何を聞いたか覚えていないものの、一緒に行った山口京一さんが、持参したCG誌面のレース記事にサインをもらってくれたのはうれしかった。2枚あったうち1枚は後にロータス愛好家にプレゼントしたが、もう1枚は、あれから40年たっても我が家の宝となっている。クラークのわきに立つのは若かりし頃の山口京一さん。このときはまだ航空会社にお勤めだったが、フリーランスの自動車ジャーナリストとして、最も長くおつきあいくださったのは山口さんだった。

1965年10月、谷田部で開かれたプリンスR380による国際速度記録会のスタート風景。日の丸を振り降ろしたのは技術系トップの中川良一さん。このあと、タイアのバーストにより記録会は中止。後日あらためて挑戦が行なわれ、見事数々の新記録を達成したが、谷田部コースが公認される前だったことで、参考記録にとどまったのは惜しいこと。

村山テストコースのスキッドパッド中央に並べて記念撮影した渡邊社長の足、ルノー8マジョールと、CG長期テスト車第1号としてやってきたトヨタ・カローラ1100スペシャル。R8は取材の足としてたびたび乗ったが、ぐにゃぐにゃのシフトレバーとソフトで分厚いシート、後方からごーごー聞こえる排気音、そしてよくパンクしたことが記憶に鮮明。初代カローラは個人的にも気に入って購入し、ミシュランXタイアを履いて仕事用でも走り回った。

日本グランプリ

1964年5月3日、鈴鹿サーキットで開催された第2回日本グランプリには、各雑誌社から集められた「お手伝いさん」のひとりとして、周回記録員なる役目を仰せつかった。いちばん遠いスプーンカーブのポストで、レース経過の記録を取りながら比較的のんびりと観戦。第1回GPはテレビ観戦したから、これが初めて見る本格的な自動車レースというわけ。仕事もあるから一眼レフは持たずに、キヤノン・ダイヤル35というハーフサイズ（スプリングモーターで巻き上げる、進歩的なお手軽カメラだった）を持参。初めて見るフォーミュラマシーンの競争に感激しつつ、ヨーロッパと日本との、歴史の格差を実感。

いまでは伝説となったポルシェ904GTSとスカイラインGTのバトルも見た。のどかなスプーンカーブではグランドスタンドの熱気は実感できなかったが、あのポルシェに対し、失礼ながらあんなスカイラインがよく抜きつ抜かれつを演じたものだ、と感心してしまう。

1964年5月3日の第2回日本グランプリに参戦した我が国初のフォーミュラマシーン、デル・コンテッサを見に、小林さんと都内麻布にある塩沢商工へ行ったのはGP終了直後の19日。傍らに立つのは代表者の塩沢進午さんで、このあとストックカーレースの取材等で度々お世話になった。ここは有名な105マイルクラブの本拠でもある。

塩沢商工前に止まっていたのは日本グランプリにも出場した日野コンテッサ900。麻布の通りも、1964年当時はこんな風景。すぐ後ろはプリンス・スカイウェイ・ライトバン。やって来たボンネット型ダンプカーはトヨタFA90DまたはDA90D型か。

デル・コンテッサの新型ができたというので、塩沢商工へ再び撮影に行ったのは1965年4月末。今度は三本さん、高島さんと一緒だった。この改良型は、初代に比べればずっと洗練されてきた。ただし、1965年日本グランプリが中止になったため出場の機会はなくなり、後日、船橋サーキットで優勝したゴールデンビーチ・トロフィー・レースを取材した。

渡邊社長が運転するオースチンA50に5人乗り、夜通し走って裏磐梯にやってきたのは1964年6月のこと。ヒルクライム競技の取材だった。雨上がりの山道をただやみくもに駆け上るだけの競争は、クルマの競技としてはさほどおもしろいものではなかった。終わってその日にオースチンで帰京。ということはきのうから一睡もしていないわけで、ただただ眠いだけだったが、裏磐梯で仰ぎ見た星空はすばらしかった。

1964年7月は伊豆長岡のヒルクライム見学に、熊沢画伯たち（CGにイラストを掲載していた常連の熊沢俊彦さん）と出かけた。ここを何度か経験している彼らエンスーの走りっぷりは、結構迫力があり楽しめた。

1964年8月16日、埼玉県川口市営オートレース・スタジアムで開催された、105マイルクラブ主催の第3回ナショナル・ストックカーレースを見に行った。ペースカーが先導しローリングスタートが始まる。コースはオーバルのダートだから、多少は散水してあるとはいえ、スタートするやたちまち砂塵が舞い、走る方も見る方も、全員が真っ黒になってしまう。トラブルでリタイアしてしまった大坪善男さんとクラウンをレース中に記念撮影。大坪さんとはこの後もずっと、親しくおつきあいさせていただいた。クラウンのエンジンルームを開けると、ツインSUキャブレターでチューニングしてあることを発見。コンティネンタルクラス2位のシボレー・コーヴェットは、パワフルなビッグマシーンを好む酒井 正さん。彼は何と、半袖のTシャツ姿でレース中。

1965年3月28日の第4回ナショナル・ストックカーレースは、熊沢俊彦さんと一緒に見に行った。日本オートクラブと改称した塩沢さんたちが造ったデルRSAは、国産では最も初期の、地を這うようにぺったんこな本格的なレーシングマシーンだった。デル・コンテッサからの発展形であり、コンテッサ900のエンジンをチューンして、ドライバー後ろに搭載。惜しくもウォーターホースを破損してリタイア。

酒井 正、山西喜三夫という常連がくりひろげるバトルは、これぞストックカーレース、という眺め。クルマはボンネットを延ばし、6気筒2800ccエンジンを搭載するセドリック・スペシャル。このあと10月の第6戦で川口は終わり、オープンした富士スピードウェイに場所を移し、セドリックが常勝するストックカーレース全盛期にかけて発展していく。

斜めになってコーナリングしていく姿が美しいポルシェ・カレラ2

茨城県谷田部に完成したばかりの「財団法人自動車高速試験場」、このあと何度も通うことになるあの“ヤタベ”（後にJARIと表記）で、クラブマン谷田部タイムトライアルが開かれた。1965年2月28日のこと。
メインストレートに並んで、バックストレートにあるスタート地点へと移動する様子。中央に見えるピット小屋は、我々、谷田部利用者の暑さ、寒さ、眠さ、空腹、そして楽しさなどすべてを知っている、と思う。

1965年1月17日は神奈川県大磯ロングビーチ駐車場へMGCCハイスピード・ジムカーナを見に行った。何台もの内外スポーツカーやセダンが参加した中で、これはスバル360の改造車。本格的なオープン2シーター化が図ってあり、スバル独特の、おっとっと、という走りがおかしかった。

メインストレート上に置かれたシケインを通過するクラウンは、のちに著名な自動車評論家、徳大寺有恒氏となる杉江博愛さん。Fクラスではクラウン最上位の3位に入った。

初めて見る本格的なバンクは、当然ながらガードレールで守られていた。それまで走っていた村山テストコースとは規模、設備が桁違いで、感心したものだ。のちに我々が計測テストを実施した通常の進行方向と、この日の競技では、走る方向が正反対だった。

ロータス・エランはいつ見ても美しく、好きだな。運転する滝 進太郎さんはこの頃から、レーシングドライバーとして目立つ存在になってきた。以後、滝さんには随分お世話になったものだ。ドライバーあるいはレーシングチームオーナーとして日本のレース界を大いに盛り上げ、我々に大きな夢を与えてくれたのが滝さんだ。

ホンダS600は、まだ無名に近いチームエイト所属の川合 稔さん。後にトヨタ・ワークスに入り、大活躍するとともに親しくさせていただいた。トヨタ7のテスト中に事故死したのはとても悲しいことだった。東京カテドラルで行なわれたお別れの会には、もちろん参加した。

すでに何度か誌面に登場したが、1965年5月30日の第2回クラブマン鈴鹿レースミーティングにおけるスナップ。左から浮谷東次郎、鮒子田寛、林ミノル、川合 稔の各氏と、クルマは有名な通称「カラス」（ホンダS600改）。浮谷のカラスはお世辞にも美しい出来とはいえなかったが、この日のレースに圧勝。伝説となったレース。彼とは、名刺交換した程度のまま、あっけなく他界してしまったのは惜しまれる。

船橋サーキット

1965年7月。船橋サーキットに出かけ、自動車クラブ選手権レースを撮影。GT-Iレースにおける浮谷(トヨタ・スポーツ800)と生沢(ホンダS600)とのバトルを、小雨の中、ダンロップブリッジからニコンF+ニッコール200mmレンズで、このときは比較的クールに撮影した。これが伝説のレースとなったのは、あとになってのこと。つまり、クラッシュ(右フェンダーを破損)して遅れた浮谷が必死に追い上げ、生沢の前に出て優勝してしまった、というもの。そればかりか彼はGT-IIレースでも、レーシング・エランで断トツの優勝をしたのだから。

短期間で消滅してしまった千葉県の船橋サーキット。ダンロップブリッジから、変幻自在に走路を設定できるスクールコースに入ってくるところを撮った。1966年1月の東京200マイルレースはフォーミュラも混走。グランドスタンドはカメラ背後の海側にある。向こうの山側には、隣接するレジャー施設の船橋ヘルスセンターの建造物が、右側にはヘルスセンターの飛行場が見える。サーキットのストレートと滑走路とはほぼ並行しており、軽飛行機と時にはスピード競争となった。中央の遠方に見えるスタンドは競馬場のもの。ここ船橋サーキットは狭いながらも立地条件がよかったので、廃止は惜しまれた。跡地はギャンブルのオートレース場として利用され、いまでも「ららぽーと」の向こうから爆音を轟かせている。

船橋サーキットにおけるゴールデンビーチ・トロフィー・レースは1965年9月に行なわれた。いすゞベレットを駆ってレース界にデビューしてきた福沢幸雄は、コーナーでは内側前輪を浮かせ、カウンターステアをあてる豪快な走りっぷりで観客を喜ばせた。翌月のクラブマンレースでは、2ドアセダン・ベレットで優勝。間もなくトヨタ・ワークス入りしたことはご存じの通り。

トヨタ入りした川合のスポーツ800。

何とも場違いな感じでレースするのはボブ・ハサウェイ氏の1937年ブガッティ・タイプ57Nクーペ。英国人の彼はブガッティばかりかモーガンで参戦するなど、レースを大いに楽しむ、という姿勢。ブガッティはこのときマルーンとシルバーだが、やがてブルーと黄色に塗り直された。

富士スピードウェイ

富士山の裾野にアメリカNASCAR式高速サーキットができるというので取材に行った。ありがたいことにヘリコプターに乗せてくれ、上空を一周、工事途中の空撮ができた。いま、トヨタの手に渡って、富士スピードウェイはまったく新しいサーキットに生まれ変わってしまったし、それ以前から名物の第一コーナー、すなわちバンクが使われなくなったことで、我々古い世代には寂しさも残る。これは1965年8月の撮影だが、1周6kmのコースは大部分が舗装されていながら、バンクだけは基礎工事中でまだ姿を現わしていない様子がおわかりだろうか。初めて乗るヘリコプターは、金魚鉢型のベル？で、撮影のために側面の窓は外してあり、親切にも要所要所でバンクしてくれるから、あいにくとゆるゆるのシートベルトなので足を突っ張って落下しないよう体を支え、必死にシャッターを押した。かなり怖かったが貴重な体験。

1966年5月、1年の空白を経て日本グランプリは富士スピードウェイで開催。これは練習中のカットだが、名物の第1コーナー、バンクの姿をお見せしようと思い選んだ。バンク上には広い観客席もあった。もう何十年も行ってないが、バンクの一部は記念碑として保存されているとか。ちょうどイギリスのブルックランズのように。

やはりバンクにこだわったショットをいくつか。興味の対象は滝さんのポルシェ・カレラ6と、好みのデイトナコブラ（酒井 正）。豪快なデイトナコブラには、ヨーロッパ製とはまったく違うアメリカン・ビッグマシーンの魅力があった。

1966年8月のドライバー選手権レース、バンクを駆けるこの日デビューした日野プロトタイプとワークスチームのトヨタ・スポーツ800。

レースの合間に撮った、ストレート終わりからバンクに飛び込むあたりの眺め、バンクを駆け下ってS字コーナーに向かうところ（アパッチ砦と呼ばれたポストが見える）、バンク上からグランドスタンド方向の眺め。こんな恐ろしいバンクに超高速で飛び込む勇気は、自分には絶対ないと思った。

初めて自分で買ったクルマはトヨタ・パブリカ・デラックス。三本さんの紹介でスポーツキットのフロアシフトに改造し、ホワイトリボンタイアを裏返して黒タイアとし、サイドシルのメッキモールを外すなどの手入れをしてもらい納車。グリルを一部黒くしたのは自分の作業。以後、シートベルトやヘッドレストを装備したり、ストライプテープを貼ったり、スプリントマフラーに交換したり、当時のことだから大したことはできないが、それでも気に入っていた。ボディカラーは、あの頃は寝ぼけた色しかなくて、サーモンピンクみたいな変な赤を選んだ。ただ写り込んでいるだけだが、右に「ジャックの塔」（横浜開港記念会館）、ほぼ中央に「キングの塔」（神奈川県庁）のシルエットが見える。

あとがき

退職後はついつい緊張感を失い、どうしても安楽な隠居気分になりがちである。おまけに度を超したマウス操作で肩こりを慢性化させ、途中何度も頓挫してしまった。それと、自分のことを書くのは難しいものだ。それでも何とかここまでたどり着けたのは、編集作業を担当してくれたよき後輩の尾沢くんと崎山さんの叱咤激励によるところである。もちろん、大先輩である高島さんの励ましも大きかった。

少年心ながらもある時期夢中になったものだが、残しておけばいつかはきっと、何某かの価値が出てくるものである、というのがいまの実感。現代はデジカメとパソコンという便利なツールが普及したことでもあるし、テーマは何でもいい、何々ウォッチングとか定点観測という楽しみを、ぜひ皆さんにも知ってもらえれば幸いである。

クルマ少年《しょうねん》が歩《ある》いた横浜《よこはま》60年代《ねんだい》

2006年11月10日　初版第1刷発行
著者　菊池憲司（きくち けんじ）
発行者　黒須雪子
発行所　株式会社二玄社
東京都千代田区神田神保町2-2　〒101-8419
営業部　東京都文京区本駒込6-2-1　〒113-0021
Tel. 03-5395-0511
印刷　共同印刷株式会社

ISBN4-544-40010-4

好評既刊

東京外車ワールド

1950-1960年代　ファインダー越しに見たアメリカの夢

写真・文　高木紀男
本体価格2000円　A4判変型　112ページ　ISBN4-544-04085-X

1950年代から60年代にかけて、立川米軍基地周辺、丸ノ内、赤坂、銀座など、東京の街角を走る外車を撮影したアマチュア“カーウォッチャー”の写真集。クルマが輝き、愛され、別世界の象徴だったときが写真から伝わる。モノクロ写真170点。

1970年代　横浜・横須賀外車ストリート

写真・文　高木紀男
本体価格2000円　A4判変型　112ページ　ISBN4-544-04089-2

1970年代の横浜と横須賀の米軍施設の周辺を回り、憧れの外車を撮影した写真集。本牧、横浜港ノースピア、横須賀基地周辺には、まだカーウォッチャーにとってのパラダイスが残されていた。好評の『東京外車ワールド』の続編。

昭和の東京カーウォッチング

写真で見る昭和の自動車風俗史

小林彰太郎責任編集
本体価格1748円　A4判変型　138ページ　ISBN4-544-09143-8

戦前から戦後昭和30年ごろまでの東京で、熱心なアマチュアたちによって撮影された貴重な写真約350点を収録。当時の珍しいクルマだけでなく、今は無き都心の建物や風俗などもグラフィカルに再現する。昭和東京の社会風俗の貴重な資料。

本体価格表示・消費税が加算されます。価格は変更することがあります。
http://nigensha.co.jp/